新型职业农民培训 系列教材

农村信息员实用教程

● 石高升　商翠敏　主编

U0384167

中国农业科学技术出版社

图书在版编目（CIP）数据

农村信息员实用教程／石高升，商翠敏主编．—北京：
中国农业科学技术出版社，2014.6
（新型职业农民培训系列教材）
ISBN 978 - 7 - 5116 - 1681 - 4

Ⅰ.①农…　Ⅱ.①石…②商…　Ⅲ.①电子计算机 - 技术
培训 - 教材　Ⅳ.①TP3

中国版本图书馆 CIP 数据核字（2014）第 113828 号

责任编辑	徐　毅　姚　欢
责任校对	贾晓红

出 版 者	中国农业科学技术出版社
	北京市中关村南大街 12 号　邮编：100081
电　　话	（010）82106636（编辑室）　（010）82109702（发行部）
	（010）82109709（读者服务部）
传　　真	（010）82106636
网　　址	http://www.castp.cn
经 销 者	各地新华书店
印 刷 者	北京昌联印刷有限公司
开　　本	850mm ×1168mm　1/32
印　　张	5.25
字　　数	130 千字
版　　次	2014 年 6 月第 1 版　2014 年 6 月第 1 次印刷
定　　价	18.00 元

新型职业农民培训系列教材

《农村信息员实用教程》

编 委 会

主　任　闫树军

副主任　张长江　卢文生　石高升

主　编　石高升　商翠敏

副主编　王晓菊　张军力　吴艳萍

编　者　安军锋　郭　静　刘彦侠　张乔阳

　　　　于海星　孙彦涛　马　明　李泉杉

　　　　盛晶晶　郭振环　张晓俭　李清华

　　　　曹　倩　刘　霞　王琰琨　任　丽

序

我国正处在传统农业向现代农业转化的关键时期，大量先进的农业科学技术、农业设施装备、现代化经营理念越来越多地被引入到农业生产的各个领域，迫切需要高素质的职业农民。为了提高农民的科学文化素质，培养一批"懂技术、会种地、能经营"的真正的新型职业农民，为农业发展提供技术支撑，我们组织专家编写了这套《新型职业农民培训系列教材》丛书。

本套丛书的作者均是活跃在农业生产一线的专家和技术骨干，围绕大力培育新型职业农民，把多年的实践经验总结提炼出来，以满足农民朋友生产中的需求。图书重点介绍了各个产业的成熟技术、有推广前景的新技术及新型职业农民必备的基础知识。书中语言通俗易懂，技术深入浅出，实用性强，适合广大农民朋友、基层农技人员学习参考。

《新型职业农民培训系列教材》的出版发行，为农业图书家族增添了新成员，为农民朋友带来了丰富的精神食粮，我们也期待这套丛书中的先进实用技术得到最大范围的推广和应用，为新型职业农民的素质提升起到积极地促进作用。

2014 年 5 月

前　言

本书是针对农村信息员的一本培训教材，教材从基层农村信息员的实际需求出发，组织农村信息员开展相关工作所必需的农业信息化、农业信息的采集、编写、传播和服务、计算机办公自动化基本操作、计算机网络应用基础、农产品电子商务等知识，以及国内成功的农业信息化应用案例，通俗易懂，简单易学，是广大农村信息员不可或缺的学习教材，也可作为基层农技人员从事农业信息化工作的参考书。

本书在编写过程中，参考并引用了诸多农业信息化方面的专家观点、论文及专著，在总结前人的基础上形成自己的观点和思路，在此表示衷心感谢。

由于编者水平所限，不足之处仍在所难免，恳请广大读者批评指正，我们将不胜感谢！

编　者
2014 年 5 月

目　　录

第一章 农业信息及农业信息化概况

第一节 信息的概念

一、什么是信息

信息一词我国最早出现于唐代。唐代诗人李中在《暮春怀故人》中提到："梦断美人沉信息，目穿长路倚楼台"。其中的信息，就是消息的意思。中国《辞海》对信息的释义：音讯、消息，通讯系统传输和处理的对象，泛指消息和信号的具体内容和意义。

信息泛指人类社会传播的一切内容。人通过获得、识别自然界和社会的不同信息来区别不同事物，得以认识和改造世界。在一切通讯和控制系统中，信息是一种普遍联系的形式。1948 年，美国数学家香农在题为"通讯的数学理论"的论文中指出："信息是用来消除随机不定性的东西"。美国数学家、控制论的奠基人诺伯特·维纳在他的《控制论——动物和机器中的通讯与控制问题》中认为，信息是"我们在适应外部世界，控制外部世界的过程中同外部世界交换的内容的名称"。英国学者阿希贝认为，信息的本性在于事物本身具有变异度。

人们一般说到的信息多指信息的交流。信息本来就是可以交流的，如果不能交流，信息就没有用处了。信息还可以被储存和使用。你所读过的书，你所听到的音乐，你所看到的事物，你所想到或者做过的事情，这些都是信息。

二、信息分类

信息有许多种分类方法。按应用部门，信息可分为工业信息、农业信息、军事信息、政治信息、科技信息、文化信息、经济信息、市场信息和管理信息等；按载体，信息可分为文字信息、声像信息和实物信息，按作用物，信息可分为物理信息、生物信息、社会信息。人们一般把它分为宇宙信息、地球自然信息和人类社会信息3类。

（一）宇宙信息

是指在宇宙空间，恒星不断发出的各种电磁波信息和行星通过反射发出的信息，形成了直接传播的信息和反射传播的信息。

（二）地球自然信息

是指地球上的生物为繁衍生存而表现出来的各种行动和形态，包括生物运动的各种信息以及无生命物质运动的信息。

（三）人类社会信息

是指人类通过手势、眼神、语言、文字、图表、图形和图像等所表示的关于客观世界的间接信息。

三、信息特征

（一）可量度

信息可采用某种度量单位进行度量，并进行信息编码。如现代计算机使用的二进制。

（二）可识别

信息可采取直观识别、比较识别和间接识别等多种方式来把握。

（三）可转换

信息可以从一种形态转换为另一种形态。如自然信息可转换为语言、文字和图像等形态，也可转换为电磁波信号或计算机代码。

（四）可存储

信息可以存储。大脑就是一个天然信息存储器。人类发明的文字、摄影、录音、录像以及计算机存储器等都可以进行信息存储。

（五）可处理

人脑就是最佳的信息处理器。人脑的思维功能可以进行决策、设计、研究、写作、改进、发明、创造等多种信息处理活动。计算机也具有信息处理功能。

（六）可传递

信息的传递是与物质和能量的传递同时进行的。语言、表情、动作、报刊、书籍、广播、电视、电话等是人类常用的信息传递方式。

（七）可再生

信息经过处理后，可以其他形式或方式再生成信息。输入计算机的各种数据文字等信息，可用显示、打印、绘图等方式再生成信息。

（八）可压缩

信息可以进行压缩，可以用不同的信息量来描述同一事物。人们常常用尽可能少的信息量描述一件事物的主要特征。

（九）可利用

信息具有一定的实效性和可利用性。

（十）可共享

信息具有扩散性，因此可共享。

四、信息的形态

在当代，由于科学技术的发展，信息一般表现为 4 种形态，即数据、文本、声音和图像。

（一）数据

数据通常被人们理解为"数字"，这不算错，但不全面。从信息科学的角度来考察，数据是指电子计算机能够生成和处理的所有事实、数字、文字、符号等。当文本、声音和图像在计算机里被简化成"0"和"1"的原始单位时，它们便成了数据。人们储存在"数据库"里的信息，自然也不仅仅是一些"数字"。尽管数据先于电子计算机存在，但是导致信息经济出现正是计算机处理数据的这种独特能力。

（二）文本

文本是指书写的语言——"书面语"，以表示它同"口头语"的区别。从技术上说，口头语言只是声音的一种形式。文本可以用手写，也可以用机器印刷出来。虽然电子计算机可以代替人们写字，但手写的文字永远具有魅力，不可忽视。在人类目前所处的经济阶段，鉴于电子计算机已经学会识别手写的文字，一旦需要，它还能为协议、合同等"验明正身"。

（三）声音

声音是指人们用耳朵听到的信息，在目前的经济阶段，人们听到的基本上是两种信息——说话的声音和音乐。无线电、电话、唱片、录音机等，都是人们用来处理这种信息的工具。

（四）图像

图像是指人们能用眼睛看见的信息。它们可以是黑白的，也可以是彩色的。它们可以是照片，也可能是图画。它们可以是艺术的，也可以是纪实的。它们可以是一些表述或描述、印象或表示——只要能被人们看见就行。经过扫描的一页文本和数据的图像，也被视为一个单独的图像——虽然新的程序能再次改变这些图像。复印机、传真机、打印机和扫描机是4种不同的，但基本上又是发挥类似功能的机器，所以，其功能会合而为一。当然，从技术处理难度上来说，在静态的图像和动态的图像、自然的图像和绘制的图像之间，仍存在着很大的差别。

在当代，每一种形态的信息都发生了技术上的重大变化：从大量非立体声到立体声的音乐，从黑白电视到彩色电视，从手拣铅字到电子排版，等等。同时，文本、数据、声音和图像还能相互转化。一张图画可能相当于 1 000 个字，并由 10 万个点组成。"点"又可能是数字、文字或符号。乐谱上的乐曲之所以能被乐师演奏，是因为技术工作者把像点一样的图像转化成了声音。秘书记录别人口授的语言，则是把声音变成文字。当数字化的信息被输入计算机或从计算机中被输出，数字又可以用来表示上述这些形态中的任何一种或所有的形态。于是，过去曾被视为毫不相干的行业——计算机、通信、电视、出版等，现在却又成了"亲戚"。

五、信息的功能

信息的功能同信息的形态密不可分，并往往融合在一起。打个比方，信息的形态是指信息"是什么模样"，而信息的功能是指信息通过它的形态，"能干什么"。从基本意义上说，信息能通过它的 4 种形态中的一种形态，"捕捉"到环境中存在的信息——占有它，再把它表示出来，就如同算盘占有了会计师掌握的数字而生成账本一样。同理，打字机占有了作者写出的文字而生成书籍，录音机占有了吉他发出的声音而生成录音带，照片则占有了风景的图像而生成图画。说"白"了，生成信息就是把已知的信息用一种易于理解的形式发送出去或接收过来。再说"白"一点，就是把信息数字化，将其整理成"二进位制"。一旦信息被数字化——变成"0"和"1"，所有形态的信息在以后的 3 种功能中都能加以处理，就好像它们根本就是一码事一样。当照片被分解（"读"）成数字时，图中的每一个点都被赋予一定的值，然后，照片便能通过电话或卫星发送出去或接收过来。

数字录音带（DAT）在把声音存进去以后，也要经过类似的处理。

六、信息的特点

（一）信息具有不灭性

信息不像物体和能量，物质是不灭的，能量也是不灭的，其形式可以转化，但信息的不灭性同它们不一样。一个杯子被打碎了，构成杯子的陶瓷其原子、分子没有变，但已不成为一个杯子。又如能量，我们可以把电能变成热能，但变成热能后电能已经没有了。而信息的不灭性是一条信息产生后，其载体可以变换，可以被毁掉如一本书、一张光盘，但信息本身并没有被消灭，所以，信息的不灭性是信息的一个很大的特点。

（二）信息具有传播性

信息的复制不像物体的复制，一条信息复制成 100 万条信息，费用十分低廉。尽管信息的创造可能需要很大的投入，但复制只需要载体的成本，可以大量地复制，广泛地传播。

（三）信息具有时效性

一条信息在某一时刻价值非常高，但过了这一时刻，可能一点价值也没有。现在的金融信息，在需要知道的时候，会非常有价值，但过了这一时刻，这一信息就会毫无价值。又如战争时的信息，敌方的信息在某一时刻有非常重要的价值，可以决定战争或战役的胜负，但过了这一时刻，这一信息就变得毫无用处。所以说，相当部分信息有非常强的时效性。

七、信息技术

信息技术（Information Technology，IT），是主要用于管理和处理信息所采用的各种技术的总称。它主要是应用计算机科学和通信技术来设计、开发、安装和实施信息系统及应用软件。它也常被称为信息和通信技术（Information and Communications Technology，ICT）。主要包括传感技术、计算机技术和通信技术。

信息技术的研究包括科学、技术、工程以及管理等学科，这些学科在信息的管理、传递和处理中的应用，相关的软件和设备及其相互作用。

信息技术的应用包括计算机硬件和软件、网络和通讯技术、应用软件开发工具等。计算机和互联网普及以来，人们日益普遍地使用计算机来生产、处理、交换和传播各种形式的信息（如书籍、商业文件、报刊、唱片、电影、电视节目、语音、图形、图像等）。

八、生活中信息技术的应用

信息技术主要包括数字化、计算机与微电子技术、光纤通信和卫星与无线电技术4个方面，这4个方面在21世纪都发生了革命性变化。

对于不同行业不同领域，信息技术的应用范围也不同，例如，在企业管理中对大量各种各样信息进行综合分析、及时控制和合理管理，所以，国内外较大型企业都使用由专业人员根据系统工程理论编制的管理软件。这样才能把人、财和物科学管理，实现预定的目标，达到最佳经济效果。近几年国际互联网的出现，电子商务、网络经济等信息产业的发展，信息技术包含的内容就更广泛了。现在西方发达国家对信息产业统一行业标准，视"信息"为一种"产品"，他们将信息业分为4个行业：出版行业、电影和录音行业、广播电视和通信行业、信息服务和数据处理服务行业。

信息技术在教育中的应用已使教育发生了革命性的变化，不仅使教育教学的规模发生变化，而且使教育本身发生深刻的变化。以前的传统教学，只注意给学生传授书本知识，教师课上一支粉笔，学生课下看书写作业。教师和学生对外界信息的获取、信息的利用、信息交流、各种技能的提高及创新精神的培养都受到很大限制。而现在由于计算机、多媒体、通信和计算机网络等信息技术在教育教学中的应用，学生能够根据自己的兴趣和需要。利用计算机辅助教学软件学习各种知识，学生通过信息技术所创造的学习环境，不光是学习到一定的知识和技能，更重要的是学习到了获取信息、加工信息和传播信息的方法，使学习能力得到训练，创造性思维得以发挥；教师能够使用多媒体，为学生提供一个生动有趣的学习环境，收到传统教学方式下难以得到的效果；学生可以通过与计算机的交互进行个别化学习，通过计算机网络特别是 Internet 网，获得自己感兴趣的信息，或与学习伙伴进行讨论和研究性学习，发表自己的观点或请教著名的专家学者；学校能够通过通信和网络系统，进行远程学习。信息技术的发展促使教育规模扩大，不同层次不同年龄的求学者的学习需要得到满足，世界各国的先进技术和文化能更快地被人类共享。

信息技术在农业上的应用也越来越广泛，精确农业、专家系统和网络服务正在改变着传统的农作方式。信息技术已经渗入到农业产前、产中和产后的各个方面，将在下面的章节作进一步介绍。

第二节　农业信息

一、农业信息的概念

农业信息是指有关农业方面的各种消息、情报、数据和资料等信息的统称。农业信息主要是指农业经济信息，它是对农业生产、加工和销售等及其相关经济活动的客观描述，它反映农业经济运行中的变化过程和发展趋势。它伴随市场经济的产生而出现，并与社会经济、社会生活和农业生产经营者兴衰息息相关。农业信息不仅泛指农业及农业相关领域的信息集合，在信息技术得到广泛应用的今天，更特指农业信息的整理、采集和传播等农业信息化进程。

二、农业信息的特征

农业信息具有一般信息的基本特征，如可感知性、可传递性、可存储性、可加工性和可共享性等。农业信息由于来源于农业生产、加工和销售等及其相关经济活动，还具有一些独有特征。

（一）客观性

农业生产、加工和销售等及其相关经济活动具有一定的客观规律，又是客观存在的，因此反映农业生产、加工和销售等及其相关经济活动的产生、发展和变化的过程和趋势的农业信息也具客观性。它不以人的意志为转移，并为人们所感知。

（二）价值性

农业信息是社会经济发展的重要资源财富的组成部分，在市场经济社会里，它具有鲜明的价值性。农业信息的价值性不是等同的，也不是恒定的。农业信息价值的大小与经济体制、行业分类、时间早晚、空间范围、社会经济条件和人的知识水平等有密切关系。

（三）时效性

农业信息是反映农业生产、加工和销售等及其相关经济活动中的变化过程和发展趋势的，农业生产、加工和销售等及其相关经济活动又是瞬息万变的，因此农业信息也是无时无刻不在变化。这就说明随着时间的推移，那些过时的农业信息就会失去效力。

（四）多样性

在人类经济社会里，农业主体本身具有多元性、多样性。从内容上看，可能会有技术、生产、工艺和销售等经营方面的信息，还会有资金、劳动力和农用物资等生产要素方面的信息；从传播媒体上看，有广播、电视、报纸或刊物传来的农业信息；从农产品供需上看，有生产者供应量、消费者需求量、市场占有率、农产品竞争率和农业行业信誉等信息，有关农业方面的信息之多不胜枚举，形成错综复杂信息流，它们不断产生不断变化。

三、农业信息的内容

（一）生产要素信息

主要包括劳力、土地、水文水资源信息以及原材料、资金投入和劳动工具等信息。

（二）生产信息

主要是指农业生产领域中关于农事活动方面的信息。包括作物布局、生产进度、苗情动态、自然灾害和产量预测等信息。

1. 作物布局

对各种农作物种植面积的指导计划和落实情况，做到年初有反映，分阶段报导落实情况。对种植结构调整、耕地占用类别的动态变化，要及时调查分析。

2. 生产进度

掌握农业生产进度是农业信息的一项基础工作。特别是在春耕播种和秋收前产量预测两个关键的农业生产季节，要通过多种途径，及时搜集作物播种进度，作物长势分析，并进行纵横比较，从中发现问题和经验，把有关信息及时反映给决策者以供参考。

3. 苗情动态

通过苗情监测，掌握农作物长势、发育过程、以及受气候、生产条件等的影响，做到点面结合，为科学指导生产管理和准确分析预测产量提供依据。

4. 自然灾害

注意突发性的天气对农作物生产的影响，通过积累历年气候资源，对降水、温度和日照等因子进行分析对比；要及时准确反映灾情，主要是干旱、雨涝、风雹、低温冻害、病虫害等，以及抗灾救灾情况。

5. 产量预测

根据面积、气候条件、生产技术措施等方面因素，结合苗情监测及抽样调查，对粮、棉、果、渔等农产品产量做出比较准确的预测，供领导参考。预测的关键是选准基点和实事求是分析。

（三）科技信息

主要是指农业科研、生产和加工领域有关技术进步方面的信息。包括农业栽培技术、农业科研动态、种子工程和农业产业化等。农业信息工作者要及时收集、传播农作物新品种和植保、土肥、栽培、灌溉和农机等方面新技术，掌握反映新的耕作制度、新的种植方式和新的栽培技术的推广应用，以及新式农机具的研制、推广；收集、传递国内外及本系统的农业高新技术、作物新品种的研究动向，了解其适应范围及推广条件，积极提出建议措施；了解传递农业科研、技术推广、农产品加工项目的立项和执行情况，农业科技发展规划，农副产品加工新技术等。

（四）政策法规及宏观经济信息

包括农村政策、法律、法规及执行情况、国家以及国际经济发展情况等。

（五）农产品流通信息

主要包括市场信息和农产品流通中的经验、作法及存在的问题等信息。市场信息重点是农业生产资料供求信息和国内外农副产品价格行情、趋势分析等信息。生产资料信息包括化肥、农药、农膜、柴油、种子、农机具和饲料等主要生产资料的供应量、需求量及价格行情;农副产品供求信息主要是区域内外(包括国内外)粮、棉、油、瓜、果、菜、畜、禽和水产等产品的需要量、供应量、价格及农副产品批发市场、集贸市场需求情况及农产品调出、调入等流通情况。

四、农业信息的地位及作用

(一)农业信息是时代发展的客观产物和发展要求

从一定意义上说,现代农业经济就是信息经济,对于农业生产者、消费者而言,在市场竞争日趋激烈的今天,谁能够占领市场,这是农业生产者、消费者生存和发展的前提,市场竞争非常激烈,市场变化纷繁复杂,哪个最快、最全面、最可靠地掌握了市场供求及其变化趋势信息,哪个就能够做出正确决策,占领市场,取得主动,获得成功。因而,坚持及时、快捷、准确地捕捉各种有用农业信息,充分开发利用,是农业生产者、消费者在风云变化的市场竞争中稳操胜券的必然选择。

(二)农业信息是农业生产经营者的资源要素

信息和物质、能源一样,是农业生产者、消费者不可缺少的资源要素,物质是农业生产者、消费者生存和发展的前提,为农业生产者生产提供原材料和设备等;能源为农业生产者提供动力;而农业信息赋予农业生产管理者以能力、智慧和知识。能否快速、大量、高效地开发利用农业信息资源,是农业发展水平的重要标志之一。随着市场经济的不断发展,农业信息日益成为生产力、竞争力和农业生产经营者兴衰的关键因素。

(三)农业信息是农业生产经营者经济活动中的向导和纽带

农业生产者在市场经济社会中,是社会化大生产中的一个组成部分,任何现代农业企业和农民都不可能孤立存在,需要与社会经济环境和市场发展变化相协调,才能获得持续、稳定、高速的发展，而这种协调关系需要靠农业信息来导航和维系。

（四）农业信息可促进潜在生产力向现实生产力转化

挖掘农业生产潜在的生产力，使其转变成现实生产力，是农业生产主要的增长方式之一。这种转化有下列几种途径，但任何一种途径都离不开市场信息。第一，社会经济条件的变化往往会给农业生产的发展提供一种千载难逢的机遇，抓住机遇，潜在的生产力就能迅速萌发，否则，良机一失，时不再来。农业生产企业和农民应当密切注视市场供求信息，以及国家新出台的方针、政策和举措的信息，及时调整发展思路，采取必要措施。第二，农业信息提供市场需求变化趋势和农产品价格走势，根据市场需求，比较效益，把有限的资源用于生产适销对路、产出效益高的品种，并且优化资源要素的配置，从而提高农业生产力。第三，农业生产中不断改进生产过程、生产工具、操作方法、工艺技术等，依靠科学技术进步是发展农业的必由之路，但科学技术进步除了靠自己探索外，更需要吸取别人的经验，自己探索也好，引进技术也好，都需要了解科学技术发展的前沿信息，吸取采用新技术、新设备、新材料、新手段和生产新产品，才能不断促进科学技术进步，发展生产力。

（五）农业信息是农业生产经营过程决策者的决策依据

其作用表现在三个方面：一是新产品开发的决策依据。二是农产品销售的决策依据。三是农业信息能及时修正和补充农业生产的经营决策。

（六）农业信息有利于提高农业生产经营者的效益

经营管理模式、农业要素配置结构、农业生产经营组织节约等这些因素的选择和地位的设置是由农业经营管理者群体来决定的，而决定的确立是受管理群体的素质和知识水平所限制的，有效地利用农业信息及其各种市场经济信息，是提高农业生产经营者经济效益的关键所在。

第三节 农业信息化内涵

一、农业信息化的概念

农业信息化简单地说是信息技术在农业上的应用过程,是指充分利用计算机技术、网络通信技术、数据库技术、多媒体技术和人工智能技术等现代信息技术,全面实现各类农业信息及其相关知识的获取、处理、传播与合理利用,加速传统农业改造,大幅度提高农业生产效率和科学管理水平,促进农业和农村经济持续、稳定、高效发展的过程。

二、农业信息化的内涵

发展现代农业就要用现代物质条件装备农业,用现代科学技术改造农业,用现代产业体系提升农业,用现代经营方式推进农业,用现代发展理念引领农业,用培养新型农民发展农业,提高农业的水利化、机械化和信息化,最终实现农业的商品化、科学化、集约化和产业化。农业信息化是信息技术在农业各领域和环节普遍应用的过程,是农业现代化的促进手段和表现形式。农业现代化与农业信息化相互叠加、相互促进、相互融合是农业发展的必然趋势。

按农业领域来说,农业信息化就是农业全过程的信息化,即在农业领域全面地发展和应用现代信息技术,使之渗透到农业生产、市场、消费以及农村社会、经济、技术等各个具体环节,加速传统农业改造,大幅度地提高农业生产效率和农业生产力水平,促进农业持续、稳定和高效发展的过程。农业信息化的基本内涵如下:

（一）农业资源和环境信息化

农业资源与环境包括土地、土壤、气候、水和农业生物品种等。我国地域辽阔，土地及耕地面积、水资源，以及农业环境的污染情况等随时间的变化很快，都需要依靠农业信息化加以及时而正确地掌握。遥感、航测、地理信息系统、全球定位系统等各种监测农业资源的设施与仪器，都是农业资源、环境信息化的重要手段，都需要建立农业资源、环境信息网络，以便正确而及时地掌握农业资源、环境的变化，从而制定政策与对策。

（二）农业生产和农业管理信息化

农作物品种与栽培每年都有变化，特别是气象、水文与病虫情况，每时每刻都在变化。因此，在全国范围内，建立以计算机联网为基础的农业信息网络，是我国农业发展的当务之急。农业管理的信息化，将使我国农业的行政、生产、科技、农村企业等管理提高到一个新水平，解决管理效率低、调控不及时等问题，促进管理科学化、合理化和最优化。

（三）农业生产资料及农产品市场信息化

目前，我国在种子、化肥、农药、农业机械、农用薄膜等市场方面存在较多的矛盾。主要是农业生产资料的品种、质量和价格，不能满足农业生产与农民的要求。农民需要的，不知道到哪里去买；工厂生产的，不知道哪里的农民需要。这一矛盾的解决，需要依靠农业生产资料市场的信息化。农产品是农村市场和农业市场中最重要的商品，它直接关系到农民的收入，关系到一个地区的经济发展。为使各地的农产品销路畅通，发展以计算机联网为基础的农产品市场信息化是一项基础性建设。

（四）农业科技教育信息化

我国各地的农业科技成果也很多，但是由于信息交流不畅，农业生产迫切需要的一些实用技术欲求无门，形成了农业科研与生产活动相互脱节的局面。因此，加快农业科技信息化，建立全国性的农业科技信息网络，可以加强农业科研和生产活动的信息沟通，加快农业新技术成果的交流和扩散。同时，农业教育将呈现新的面貌，农业教育手段和方式也将发生根本性的变化。农民、农技员可以在家中、当地的农技站或农业学校，通过计算机和多媒体学习各种农业知识。此外，农业教育信息化将大大加快农业知识传播和农业科学技术的普及，加速农民提高科技和文化水平的进程。

（五）农业政策法规信息化

一方面，使广大农民及时了解农业政策法规，消除政策盲区；另一方面，加强农业信息化法制、法规建设，依法保护农业领域的国家机密、商业秘密和知识产权等，同时维护农业生产者、开发者、管理者等农业信息化主体在农业信息网络体系中平等竞争的权益，促进农业信息化发挥正面效应，抑制负面效应。

（六）农村社会、经济信息化

农村人口的变化，教育、科技的普及程度，农民的收入水平，农村的道路、能源、卫生情况，农村居民的房屋建筑，小集镇的发展等都是农村社会、经济信息化的内容。目前，对农村社会、经济情况的了解，主要依靠各级统计部门，以及农业、农村工作部门的调查。所谓农村社会、经济信息化就是要求这些部门的信息工作都能实现全国性与地区性的计算机联网，使用先进的信息处理与传输技术，使各级领导可以更快更准确地掌握农村社会、经济的变化，从而制定正确的政策。

三、新时期推进农业信息化的重要意义

（一）推进农业信息化是贯彻落实党的"十八大"精神的重要举措

党的"十八大"提出"促进工业化、信息化、城镇化和农业现代化同步发展"的战略部署，充分体现了党和国家对以信息化支撑工业化、城镇化和农业现代化发展的高瞻远瞩。经济全球化的现实表明，信息化已经成为世界各国推动经济社会发展的重要手段，已经成为资源配置的有效途径，信息化水平已经成为衡量一个国家现代化水平的重要标志。"四化同步"的发展战略，为全国上下加快推进农业信息化指明了方向，明确了目标和任务。深入贯彻落实党的"十八大"精神必须加快推进农业信息化。

（二）推进农业信息化是发展现代农业的现实选择

发展现代农业既是全面建成小康社会的需要，也是加快农业发展方式转变的关键所在。当前，国际经济形势复杂严峻，全球气候变化影响不断加深，现代农业发展面临着资源、环境和市场等多重约束。大力发展农业信息化，推动信息技术与传统农业深度融合，不断提高农业生产经营的标准化、智能化、集约化、产业化和组织化水平，努力提升资源利用率、劳动生产率和经营管理效率，是我国农业突破约束、实现产业升级的根本出路。

（三）推进农业信息化是促进农民增收的有效途径

当前，农业农村信息服务基础薄弱，农民信息获取能力差、信息需求难以得到有效满足，成为制约农民增收的重要因素。大力发展农业信息化，加快建立低成本、多样化、广覆盖的"三农"综合信息服务和有利于农产品顺畅销售的电子商务体系，为农业生产经营主体提供及时有效、适用性强的政策法规、生产技术和市场流通等信息服务，是培育有文化、懂技术、会经营的新型农民，提高农民综合劳动技能和市场营销能力，保持农民收入持续较快增长的有效途径。

（四）推进农业信息化是促进城乡一体化发展的客观要求

当前，我国经济社会的城乡二元结构仍然十分突出，城乡数字鸿沟、信息孤岛仍然普遍存在。大力发展农业信息化，全面提升农业综合信息服务能力，努力提高农村经济社会管理的科学化水平，不断满足农民群众日益增长的生产经营和文化生活的信息需求，实现城乡公共服务均等化，保障农民群众公平地分享现代化发展成果，是不断缩小城乡差距，统筹城乡一体化发展的客观要求。

第四节 国内外农业信息化发展现状

一、我国农业信息化发展现状

我国高度重视发展现代农业，以现代信息技术改造传统农业，是促进现代农业快速发展的有效途径。经过十年大力推进农业信息化发展，我国农业信息化建设成效显著。

（一）基础设施

"乡乡能上网"完全实现。截至 2010 年，全国能上网的乡镇比例达到了 100%，其中能宽带上网的比例达到了 98%。同时，我国农村网民规模达到 1.25 亿，占整体网民的 27.3%，抽样调查显示，我国农村居民计算机的拥有量已上升为 10 台/百户，农村互联网应用水平显著提高。

"村村通电话"完全实现。截至 2010 年，全国 100% 的行政村和 94% 的 20 户以上自然村通电话。抽样调查显示，我国农村固定电话拥有量较去年有所下降，为 65 部/百户；农村移动电话拥有量为 120 部/百户，农村移动通信水平稳步提升。

"广播电视村村通"基本实现。经过十几年的建设，我国"广播电视村村通工程"取得显著进展，广播、电视人口综合覆盖率分别从 1997 年的 86.02% 和 87.68% 提高到了 2010 年的 96.78% 和 97.62%，人民群众收听收看广播电视节目难的问题基本解决。

（二）信息资源

农业农村信息采集渠道不断完善。截至 2010 年，农业部在全国农业系统建设了近 40 条信息采集渠道，自下而上涵盖了种植业、畜牧业、渔业、农垦、农机化、乡镇企业、农村经营管理、农业科教和农产品市场流通等主要行业和领域；部署信息采集点 8 000 多个，建立了信息采集指标体系和报送制度，通过远程联网采集、报送农村各行业和领域的生产动态、供求变化、价格行情、科技教育、自然灾害、动物疫情、农民收入、质量安全和资源环境等信息。

农业网站体系进一步健全。截至 2010 年，农业网站总数达31 108 个，比 2009 年增长 40.7%。覆盖部、省、地、县四级政府的农业网站群基本建成，农业部初步建立起以中国农业信息网为核心、集 30 多个专业网为一体的国家农业门户网站，全国 31 个省级农业部门、超过 3/4 的地级农业部门和近 1/2 的县级农业部门都建立了更新较为及时的局域网和农业信息服务网站。

一批重要农业农村信息数据库相继建立。截至 2010 年，农业部相继建设了农业政策法规、农产品价格、农村经济统计、农业科技与人才等 50 多个数据库；各省级农业部门也相继建设了涵盖农村生产、农产品供求、农产品价格、农业科技以及农业政策等各领域的数据库系统。

（三）服务体系

农村基层信息服务组织体系日益完善。经过"十一五"的建设，"县有信息服务机构、乡有信息站、村有信息点"的格局基本形成。全国 100% 的省级农业部门设立了开展信息化工作的职能机构，97% 的地市级农业部门、80% 以上的县级农业部门设有信息化管理和服务机构，70% 以上的乡镇成立了信息服务站，乡村信息服务站点逾100 万个，农村信息员超过 70 万人。

更多惠农信息服务平台不断搭建。截至 2010 年，农业部先后搭建了 19 个省级、78 个地级和 344 个县级"三农"综合信息服务平台。在农业部的领导下，各地农业部门充分利用电话、电视、电脑等信息载体，因地制宜构建了符合当地农业生产和生活需求的信息服务平台。三大电信运营商成功打造了各自的农村信息服务平台，比如"农信通""信息田园""农业新时空"等。与此同时，越来越多的涉农企业利用自己的信息服务平台宣传公司产品，开展网上服务、电子商务等经营活动。

各具特色的农业信息服务模式不断成熟。各地在实践中不断创新，农业信息服务模式进一步成熟，比较典型的有：吉林农委与吉林联通调动社会各界力量，成功打造了"12316"新农村热线服务模式；浙江利用"农民信箱"信息服务平台，为农民提供形式多样的信息发布、农产品产销对接等服务，实名制用户已达236万；上海为农综合信息服务"农民一点通"平台，使农民足不出村，就能享受到方便、快捷的信息化服务。此外，广东的"农业信息直通车"、海南的"农技110"、山东的"百姓科技"、山西的"我爱我村"、陕西的"农业专家大院"、福建的"农业科技特派员"、甘肃的"金塔模式"、云南的"数字乡村"等模式也不断成熟。

（四）信息技术应用

农业物联网技术在一些地方开始试点性应用。基于无线传感网络的滴灌自动控制系统在北京、上海、黑龙江、河南、山东、新疆维吾尔自治区等省、市、自治区开始试点性应用。一些猪场、奶牛场和禽场运用物联网技术进行养殖环境监控、疾病防控以及自动饲喂，一些大型奶牛场引进国外的基于物联网技术的先进挤奶机器人。江苏、山东、广东、上海、浙江、天津等省市的水产养殖企业开始利用最新的农业物联网技术，配置水产养殖实时远程监测系统，对水产养殖环境进行实时在线监测。

现代信息技术在农业各环节中的应用逐步深入。现代信息技术在大田种植、设施园艺、畜禽养殖以及水产养殖中的应用逐步深入，种养大户采用现代信息技术装备的意识越来越强，农业生产信息化水平不断提高。越来越多的涉农企业运用 ERP 系统进行企业管理，各种农产品电子商务网站也纷纷建立，农业产业化经营水平不断提高。各级农业部门积极开展农业管理电子政务提高政府管理水平及效率，以保障农产品供给安全，农产品质量安全以及农业作业安全。

农业信息技术的应用正从单项应用向综合集成应用过渡。基于现代农业高产、优质、高效、生态和安全的要求，我国的农业生产方式正向集约化生产、产业化经营、社会化服务、市场化运作以及信息化管理转变，从生产、经营、管理到服务涉及诸多环节，依靠单一的信息技术很难实现，农业信息技术的应用正从现代信息技术的单项应用向现代信息技术的综合集成应用过渡。

二、发达国家农业信息化现状

发达国家农业信息化的发展大致经历 3 个阶段：20 世纪 50~60 年代，主要是利用计算机进行农业科学计算；70 年代的工作重心是农业数据处理和农业数据库开发；80 年代，特别是 90 年代以来，研究重点转向知识的处理、自动控制的开发以及网络技术的应用。目前，美国已建成世界最大的农业计算机网络系统，该系统覆盖了美国国内的 46 个州，欧美国家的农业信息化技术已进入产业化发展阶段；日本早在 1994 年年底就已开发农业网络 400 多个，计算机在农业生产部门的普及率已达 93%。在发达国家，信息技术在农业上的应用大致在以下方面：农业生产经营管理、农业信息获取及处理、农业专家系统、农业系统模拟、农业决策支持系统、农业计算机网络等。农业中所应用的信息技术包括：计算机、信息存储和处理、通讯、网络、多媒体、人工智能、"3S" 技术（即地理信息系统 GIS、全球定位系统 GPS、遥感技术 RS）等。

（一）美国农业信息化现状

美国在以信息技术、生物技术、循环经济等科技利器打造自己的"新农业经济"和"新农村"方面走在世界前列，其做法不乏值得借鉴之处。

丹·哥斯特是美国芝加哥市史特灵镇近郊的一位农场主。如今，这位农民大多数时间并不在田间地头，而是和城里的"白领"一样泡在网上。他先后购置了 4 台电脑，利用电脑计算种植量以及杀虫农药的剂量，进行生猪饲料配方与养猪过程的控制，从网上了解天气情况以及农作物的交易行情……老伙计现在离不开网了。实际上，哥斯特只是美国 200 万农民中一个"缩影"。目前，美国有 51% 的农民接上了互联网，20% 的农场用直升机进行耕作管理，很多中等规模的农场和几乎所有大型农场已经安装了 GPS 定位系统。这些新科技构成了美国农业信息化的主要内容，也打造出美国的"精确农业"。

美国作为世界电子信息产业的第一大国，农业信息化是在信息技术和市场经济高度发达的背景下，与整个社会的信息化同步发展的。发展农业信息化的发展动力主要来自于市场的需求。由于美国农业商品率高和出口比重大，极易受到国内外市场的影响，因此，离开了信息，农业将无所适从。而且农民、农产品经销商和广大消费者也需要从宏观角度掌握世界农产品市场的变化情况，从微观角度了解农产品市场的价格和供求信息。为了满足这些需求，美国政府以其雄厚的经济实力，从农业信息技术应用、农业信息网络建设和农业信息资源开发利用等方面全方位推进农业信息化建设。构建了以政府为主体，以国家农业统计局、经济研究局、世界农业展望委员会、农业市场服务局和外国农业局等五大信息机构为主线的国家、地区、州三级农业信息网，形成了完整、健全和规范的农业信息服务体系。

在农业信息化建设上，采取了政府投入与资本市场运营相结合的投资模式。政府围绕市场建立起了强大的政府支撑体系，为农业信息化创造发展环境，通过政府辅助、税收优惠和政府担保等提供一系列优惠政策，刺激资本市场的运作，推动农业信息化的快速发展。政府对农业的补贴和财政转移支付，大量的不是直接用于补贴农产品生产，而是通过加强农业信息化建设的办法让农业和农民受益。以政府为主体构建了庞大、完善、规范的农村信息服务体系，如美国国家农业数据库（AGRICOLA）、国家海洋与大气管理局数据库（NOAA）、地质调查局数据库（USGS）等规模化、影响大的涉农信息数据中心（库），对农业发展产生了很好的推动作用。政府拥有和政府资助建设的数据库，实行"完全与开放"的共享政策。政府每年还拨出10亿美元的农业信息经费保证农业信息系统的正常运行。在农业信息资源的管理上，形成了一套从信息资源采集到发布的完整的立法管理体系，并注重监督，依法保证信息的真实性、有效性及知识产权等，维护信息主体的权益并积极促进农业信息资源的共享。

发源于美国的精确农业，利用全球定位系统（GPS）、农田遥感监测系统（RS）、农田地理信息系统（GIS）、农业专家系统、智能化农机具系统、环境监测系统、系统集成、网络化管理系统和培训系统等，对农作物进行精细化的自适应喷水、施肥和撒药，有力地促进了农业整体水平的提高。

正是由于有了政府的组织、管理和投入，美国的农业信息化才达到了如此高的发展水平。虽然美国的农民仅占全国总人口的1.8%，但农业信息化的强度却高于工业81.6%。不少研究专家说，仅占全美人口2%的美国农民，不仅养活了近3亿美国人，而且还使美国成为全球最大的农产品出口国。如果离开了高科技，离开了农业信息化，这样的奇迹根本不可能发生！

（二）德国农业信息化现状

德国政府始终致力于农业信息化的政策与环境、农业信息化基础设施建设和数据库建设的投入。作为实现农业信息化的重要步骤之一，学校开设了计算机和网络技术课程，把教育与培训普及计算机网络技术，作为实现农业信息化的关键环节。随着农业信息网络功能的不断扩大，农业生产、科研领域大多数操作可以通过计算机完成，形成自身优势的计算机决策系统技术、精确农业技术、遥感技术、农机管理自动化。计算机辅助决策技术为农民提供了良好的咨询服务，如小麦品种选择模型可以提供各种小麦的水肥条件、品种特征、产量品质、抗病虫害的能力等方面的评估情况，帮助农民选择适宜种植的小麦品种，这些系统在农业生产中发挥了积极作用。

（三）法国农业信息化现状

法国是世界第二大农业食品出口国和第一大食品制成品出口国，农业信息化一直受到政府高度关注。其发展信息化的一个重要特点是多元信息服务主体共存原则，农业部、大区农业部门和省农业部门，负责向社会发布政策信息和市场动态，并免费向农民提供基于公共交换网通信的远程信息设备"迷你电脑"，让农民了解和熟悉计算机应用。目前，法国已经在农产品的生产、收获、储藏和加工等各个环节实现计算机全程实时监控，可以实现通过信息和通信技术对病虫害灾情进行预报，利用专家系统进行自动化施肥、用药和灌溉等田间管理，使用信息技术对土壤环境进行数据分析，并根据种植品种的具体需求，调节和改善环境。另外，在法国农业信息化进程中，网络信息和产品制造商也发挥了重要作用。制造商以投资的形式改善农村信息技术设施，以优惠的价格和周到的服务鼓励农民购买信息产品和网络设备。开发商进入农村市场，开发一系列应用软件和便携式产品，这已经成为推动法国农业信息化的主要动力。

（四）日本农业信息化现状

日本农业信息化是政府重点支持的领域，对于建设投资大、技术难度高的大容量通讯网络以及地方通信网络等基础设施的建设，则采取中央政府和地方政府财政拨款、专业公司投标承建的方式，有效地推进了日本农业信息化基础设施建设。农业科技信息网络的设备及运行也基本由日本政府拨款，无偿向农民提供各种农业信息，目前，正在实施"高度信息化农村系统"的计划，就是直接服务于农民。进入21世纪后，日本政府积极实施农业IT战略推进农业信息数字化，大力开发建设了气象、病虫害防治、农业技术、栽培等各类数据库，并从发展区域农业信息系统入手，建立起了便捷的有地域特色的地域农业信息系统，通过计算机和多功能传真机为用户和农民协会之间传递发货和销售信息。在日本，平均每个县至少有一个与网络有关的农业信息中心，方便农民协会各分店之间以及农户与农协之间的信息传递。同时，日本已将 29 个国立科研机构、381个地方农业研究机构及 571 个地方农业改良普及中心全部联网，可以实现与农户之间的双向网上咨询。日本农民继续教育体系完备，政府每年在全国各地依托农业科研机构组织农民进行计算机及网络知识信息素质教育，定期举办面向所有居民的网络知识与计算机操作培训班，对提高农民信息素质发挥了重要作用。

上述国家农业信息化发展历程，充分证明农业信息资源已经成为农村经济增长的重要支撑，加快农业信息化建设将进一步促进农业生产结构调整和现代农业技术及成果的推广和普及。借鉴这些经验，必将对我国农业和农村经济发展产生深远影响。具体有四点启示：一是增强各级政府在农业信息化的推动作用。各级政府要把推进农业信息化作为新时期一项重要任务，统一规划，要综合运用经济、法律、行政手段等杠杆进行有力调节，加强农业信息化规划管理与信息标准化管理，加强农业信息资源整合，促进信息资源的信息共享，不断提升农业信息服务能力建设。二是大力培养农业信息人才，提高农业科技创新和成果转化能力。农业信息化建设，信息技术人才是关键。要加快培养农业信息化科技人才，特别是要加强基层信息服务队伍建设，建立市、县、乡、农户四级联动式培训，使他们能够成为农业信息化建设的专业人才。三是建立健全农业信息网络，强化农业信息资源建设。要加大财政投入，加强各种农业实用数据库的研制与开发，包括农业生产管理信息、农业政策法规信息、农业自然资源信息、农业科技资源信息、农产品市场信息、农业实用技术信息及科研成果信息等方面，以充分发挥农业信息网络作用。四是依托农业信息化开展农产品网上交易。随着网络技术进一步完善，电子商务得到逐步推广。网上交易农产品一方面可以利用网络向全球发布农产品资源信息，宣传推荐本地丰富的优质农产品，同时还可以发布供求信息，进行期货交易，发展订单农业，引导农民进行农产品种植结构调整。

第五节　农业信息化发展方向

一、推进农业信息化的指导思想、战略目标和基本原则

（一）指导思想

按照党的"十八大"提出的"四化同步"战略部署，紧紧围绕"两个千方百计，两个努力确保，两个持续提高"目标，强化顶层设计和应用示范，着力提高农业生产经营信息化水平，深入推进农业电子政务和信息惠农服务，促进信息化与农业现代化相融合、与农民生产生活相融合，全面支撑现代农业和城乡一体化发展。

（二）战略目标

以提高农业生产智能化水平为目标，推动信息技术在农业生产各领域的广泛应用，引领农业产业升级；以促进农业经营网络化为目标，大力发展电子商务，创新农产品流通方式，促进农产品产销衔接；以实现农业行政管理高效透明为目标，推动"三农"管理方式创新，切实提升农业部门行政效能；以提供灵活便捷的信息服务为目标，构建农业综合信息服务体系，拓宽信息服务领域，提升农民信息获取能力。力争用 5 年时间，将农业信息化基础设施进一步夯实，信息技术与现代农业融合、与农民生产生活融合更加深入，农业部门行政效能明显提升，"三农"综合信息服务体系更加健全，农民获取信息能力显著增强。

（三）基本原则

一是坚持政府引导。强化顶层设计，切实加大投入力度，充分利用政策支持、项目带动、典型示范等手段，鼓励和引导社会力量积极参与。二是坚持需求拉动。切实以产业发展和业务需求为导向，

大力推广应用现代信息技术，积极探索可持续发展机制。三是坚持突出重点。充分发挥信息技术优势，优先解决农业农村经济发展中的热点、难点和人民群众关心的问题。四是坚持统筹协同。建立高效协调的工作机制，统筹利用各类资源，实现信息资源共建共享、信息系统互联互通、业务工作协作协同，保障农业信息化健康持续发展。

二、我国农业信息化发展趋势

随着农业农村经济的发展，农业现代化进程的不断加快，我国农业信息化发展将呈现技术产品化、信息市场化、装备智能化、作业精准化和服务个性化五大趋势。

（一）技术产品化

国外一些国家的成功做法表明，加快农业信息技术研发成果转化，作为产品进入市场，有利于推动信息技术研发企业健康成长，有利于推动自主创新，解决拥有自主知识产权和核心技术的产品缺乏、对外依存度高的问题，有利于加快信息技术的推广应用，促进中国农业信息技术及产品产业化发展。

（二）信息市场化

信息本身属于一种商品。在信息产品交换和信息服务中，引入市场竞争机制，实现信息市场化，是国家信息市场以及市场经济快速发展的必须要求。信息市场化经营有助于发挥市场在信息资源配置中的基础性作用，促进信息流通，发展信息经济，促进社会主义市场经济不断发展。

（三）装备智能化

信息技术的不断发展和在农业领域中的不断渗透，为农业科技的进步注入了强大的动力，农业装备已从传统的功能型逐步向自动化、智能化方向发展。智能农业装备是具有感知、分析、推理、决策和控制功能的农业装备的统称，它是先进制造技术、信息技术和智能技术在农业装备产品上的集成和融合，体现了农业信息化的数字化、网络化、精准化和智能化的发展要求。

（四）作业精准化

农业精准化就是用最佳配方、最小投入，在自然环境的约束下，实现农业最大产出。未来农业生产，农业作业全链条各个环节的要素高度细化，全球定位系统、农业遥感监测、电脑自动控制等现代信息技术深入运用，定时、定量、定位的实施耕作，实现对农业资源的精细利用和管理，提高农业产出率。

（五）服务个性化

随着农民、各类涉农企业、合作组织等农业信息需求主体信息意识的提高，信息需求的多样性和针对性将越来越突出。有了个性化的需要，就要有个性化的服务。服务个性化就是要求以信息需求主体为中心，根据不同信息需求主体的不同需求，向其提供和推荐相关信息，以满足个性化需求。

三、发展农业信息化的重点内容

《农业部关于加快推进农业信息化的意见》（农市发〔2013〕2号）文件，对发展农业信息化提出十项重点内容：

（一）大力推进农业生产经营信息化

针对当前农业资源利用率低、农业生产经营效率不高等问题，重点推进物联网、云计算、移动互联、"3S"等现代信息技术和农业智能装备在农业生产经营领域的应用，引导规模生产经营主体在设施园艺、畜禽水产养殖、农产品产销衔接、农机作业服务等方面，探索信息技术应用模式及推进路径，加快推动农业产业升级。

（二）着力强化市场信息服务能力

针对农产品滞销卖难、市场价格异常波动频繁等问题，完善农产品监测预警平台体系，优化市场信息采集手段，推动信息发布机制创新，提升市场价格监测预警、价格调控及公共服务的能力和效率；建设完善农产品进出口贸易、国际市场价格及产业损害等监测预警系统，实现农产品进出口决策科学化，提高我国农产品国际贸易竞争力。

（三）不断提高农业科技创新与推广信息化水平

加强农业适用信息技术研发和产品创新，不断提高自主创新能力。强化科研成果转化和推广应用，重点在农业生产环境和动植物生理感知、农业生产过程智能控制、农业智能装备及良种繁育信息化等领域取得明显突破。推进农业科研手段信息化，提高农业科研创新效率。推进信息技术和智能装备在农技推广服务中的应用，加快农技推广信息服务平台建设，提高农技推广服务的效率和水平。

（四）加快完善农产品质量安全监管手段

完善农产品质量安全追溯制度，推进国家农产品质量安全追溯管理信息平台建设，开发全国农产品质量安全追溯管理信息系统。探索依托信息化手段建立农产品产地准出、包装标识、索证索票等监管机制。加快建设全国农产品质量安全监测、监管、预警信息系统，实行分区监控、上下联动。积极推进农资监管信息化，规范农资市场秩序，尽快建立农作物种子监管追溯系统，加快推进农机安全监理信息化建设，提高农资监管能力和水平。

（五）持续提升重大动植物疫病防控能力

针对我国动物疫病病种多、病原复杂、防治形势严峻，农作物生物灾害发生频繁、危害严重、损失巨大等问题，建设国家动植物疫病信息数据库体系、全国突发重大动植物疫病防控指挥调度平台和动物卫生监管平台，提升我国动植物疫病监测、预警、预防控制、应急管理、信息传输和灾情发布等方面信息化水平，完善动植物疫病防控网络和应急处理机制，促进动植物防疫体系建设，增强重大动植物疫病防控能力。

（六）显著提高农村经营管理水平

针对农村集体资金、资产、资源管理和土地承包管理中存在的主要问题，重点建设农村集体"三资"管理服务、土地确权登记管理服务、耕地流转管理服务、土地纠纷仲裁服务、农民负担监管等平台或信息系统，切实加强农村集体"三资"管理，强化对农村耕地、草地等各类土地承包经营权的物权保护，规范经营权流转程序，提升纠纷仲裁效率，切实保障农民财产权利，有效防范和及时化解矛盾纠纷，推进农业产业化经营，激发农业农村发展活力。

（七）积极探索农业电子商务

积极开展电子商务试点，探索农产品电子商务运行模式和相关支持政策，逐步建立健全农产品电子商务标准规范体系，培育一批农业电子商务平台。鼓励和引导大型电商企业开展农产品电子商务业务，支持涉农企业、农民专业合作社发展在线交易，积极协调有关部门完善农村物流、金融、仓储体系，充分利用信息技术逐步创建最快速度、最短距离和最少环节的新型农产品流通方式。

（八）切实提升农业生产指挥调度能力

建设上下协同、运转高效、调度灵敏的国家农业综合指挥调度平台，进一步推动种植业、畜牧兽医、渔业、农机、农垦、乡企、农产品及投入品质量监管等领域生产调度、行政执法及应急指挥等信息系统开发和建设，全面提升各级农业部门行业监管能力。完善农业行政审批服务平台，推进行政审批和公共服务事项在线办理，建立和完善农药、肥料、兽药、种子和饲料等农业投入品行政审批管理数据库，逐步实现农业部内各环节、各级农业部门间行政审批的业务协同，提高为涉农企业、农民群众服务的水平。进一步加强办公自动化建设，推进视频会议系统延伸至县级农业部门，加快推进电子文件管理信息化。

（九）进一步强化农业信息资源开发利用

建设国家农业云计算中心，构建基于空间地理信息的国家耕地、草原和可养水面数量、质量、权属等农业自然资源和生态环境基础信息数据库体系；强化农业行业发展和监管信息资源的采集、整理及开发利用；重视物联网等新型信息技术应用产生的农业生产环境及动植物本体感知数据的采集、积累及挖掘；注重开发利用信息服务过程中的农民需求数据，及时发现农业农村经济发展动向和苗头性问题；鼓励和引导社会力量积极开展区域性、专业性涉农信息资源建设，不断健全农业信息资源建设体系，丰富信息资源内容。

（十）全面推进国家现代农业示范区信息化建设

充分利用国家现代农业示范区的优势资源，统筹各类项目和资金，集成组装现代信息技术，开展应用示范，全面推进农业生产经营管理服务信息化建设，探索信息化与农业现代化融合的路径、模式与经验，推动国家现代农业示范区率先实现信息化。

第二章 农业信息采集

农业信息是由信息实体与信息载体构成的整体。信息实体是指信息的具体内容；信息载体是指反映这些内容的数据、文字、声波、光波等。农业信息采集就是指收集反映农业生产经营活动的各种数据、文字、语言、图像资料的过程。信息采集的质量直接决定信息处理的质量，信息采集方法是否科学，直接影响着信息的质量。

第一节 农业信息采集原则

农业信息采集有其自身的原则性，只有在采集过程中充分运用好这些原则，才能提高采集的质量和效率。

一、合法性原则

采集的农业信息应符合国家有关法律、法规、规章、保密及其他相关规定，坚持正确的舆论宣传导向。同时，还要注意信息要合法获取，合法发布。

二、准确性原则

采集的农业信息力求真实、准确，能实事求是的反映事物的本来面貌，不夸大、不缩小，如实反映情况，不允许出现虚构、掺假等情况，而且用词一定要恰当，不要含糊不清，不便用容易引起歧义的词，以免造成决策失误。

三、针对性原则

农业信息采集有较强的针对性，服务对象不同，所需的信息也就不同。要把握服务农业、农村、农民的宗旨，根据不同的服务对象、不同的信息采集范围要求等去采集信息，节省信息采集时间和避免其他不必要的消耗。

四、及时性原则

信息采集力求及时、快速，通常快与信息的效益是连在一起的，延误时机常常会使信息的价值衰减或消失，甚至出现负效应。因为机会常常是转瞬即逝，及时抓住信息才能不错过机会，才有希望在竞争中取胜。而且，一旦采集到有价值的信息，要及时在第一时间上报或传递，避免延误时机。

五、完整性原则

信息采集时要尽可能的全面、完整，时间、地点、事件、结果、人名、数字等，涉及的要素都要采集齐全，以避免因信息不完整而造成的判断失误。

六、经济性原则

信息采集要注意方式方法，注意减少不必要的人力、物力、财力，力争用最少的付出取得最好的调查效果。

七、预见性原则

信息采集时要能够预见到农业信息的价值，要有信息前瞻性，经过信息加工处理后对农业生产经营活动能够产生积极引导与借鉴作用。

第二节 农业信息采集方法

农业信息采集方法有很多种，每一种方法都有自己的适用范围。对于农村信息员来讲，用得最多的是调查采集法，因为农村信息员在最基层，通常情况下，掌握的是第一手资料，所以，要经常深入农业生产第一线，观察访问，做到腿勤、耳勤、口勤、手勤。在信息采集方法的选择上，要贯彻经济性原则，什么方法简捷有效就采用什么方法。

一、调查采集法

通过调查采集农业信息，主要包括农业普查、农业重点调查、农业抽样调查、农业专题调查等。信息采集的过程，实质上是调查的过程。通过调查可以了解并进一步分析事物的现状及发展趋势，做好预测性信息；通过跟踪调查，可以使信息采集反馈保持连续性；通过综合调查，可以采集一些带有全局性、宏观性和重大情况及问题的综合性信息。调查采集法又可分为以几种：

（1）走访法 即通过调查者与被调查者面对面交谈来采集信息。如采集本地农产品供求方面的信息。

（2）观察法 借助自己的感觉器官和其他辅助工具，进行直观的调查。如采集农作物生长情况方面的信息。

（3）问卷法 通过调查者向被调查者发放收集材料、数据、图表、问卷来采集信息。如采集群众对某项政策是否拥护等民情、社情方面的信息。

二、会议采集法

即从各种会议上采集信息。农村信息员可以组织一些小型的座谈交流会，提前将想要采集的信息告诉参会人员，让参会人员提前做好准备，开会时可以集中采集信息，不仅可以节约时间，而且由于准备充分，针对性强，采集到的信息更加的准确、完整。或者农村信息员在参加一些会议时，注意做好记录，将会议中有价值的东西加工成信息，但要注意保密原则，一些工作秘密或内部资料不允许公开。

三、网络采集法

目前，网络在我国农村也基本普及，在农村也可以通过网络采集农业信息。通过网络采集的信息主要涉农实时信息，如采集当前农业政策举措、农产品市场价格动态信息、农产品供求信息、气象预报信息等。

四、电话采集法

即通过打电话、发传真来采集信息。在通过电话、传真采集信息时，要向被采集单位讲清信息采集的缘由、报送的重点和把握的角度。最好是提前编制好简单明了的信息采集大纲或表格，由信息被采集单位直接填写，这样可以避免信息被采集单位遗漏采集内容，且易于后期整理汇总信息。

五、报刊采集法

即通过阅读报纸、刊物、简报等读物来采集信息。在这些读物中蕴含着大量有价值的信息，农村信息员要培养自己善于在纷繁庞杂的读物中发现有价值的内容，予以加工提炼，编成信息。

六、交换采集法

即通过与有关机构或单位交换资料来采集信息。

第三节 农业信息采集重点

在市场经济条件下农民的企盼和要求是什么？农民到底想什么、盼什么、缺什么、怕什么、愁什么？有位基层农技人员说："农民想的是增收致富，盼的是政策稳定，缺的是信息、资金和技术，怕的是行政命令和摊派到户，愁的是产品销路。"

具体来讲，当前农民有八盼：一盼提供优良品种及技术指导；二盼优质化肥、农药等生产资料；三盼市场信息服务，谁能告诉我，市场要什么，干什么能赚钱？四盼农产品销售顺畅，能卖个好价钱；五盼就业引导；六盼病虫害的预报和防治；七盼水利、道路等农业基础设施改善；八盼农业支持投入大。农民盼望的就是我们所要采集加工的信息。

一、农业信息采集范围

农业信息的采集范围主要依据《国民经济行业分类代码－A农、林、牧、渔业》统计指标，主要包括"农业、农村、农民"工作中产生的信息和媒体发布的涉农信息。其他行业信息视与《国民经济行业分类代码－A农、林、牧、渔业》统计指标内容关联程度确定。

国民经济行业分类（GB/T 4754—2011）
A 农、林、牧、渔业

门类	大类	中类	小类	类别名称	说明
				农、林、牧、渔业	本门类包括01～05大类
				农业	指对各种农作物的种植
		11		谷物种植	指以收获子实为主，供人类食用的农作物的种植，如稻谷、小麦、玉米等农作物的种植
			111	稻谷种植	
			112	小麦种植	
			113	玉米种植	
			119	其他谷物种植	
		12		豆类、油料和薯类种植	
			121	豆类种植	
			122	油料种植	
			123	薯类种植	
		13		棉、麻、糖、烟草种植	
			131	棉花种植	
			132	麻类种植	
A	1		133	糖料种植	指用于制糖的甘蔗和甜菜的种植
			134	烟草种植	
		14		蔬菜、食用菌及园艺作物种植	
			141	蔬菜种植	
			142	食用菌种植	
			143	花卉种植	
			149	其他园艺作物种植	
		15		水果种植	
			151	仁果类和核果类水果种植	指苹果、梨、桃、杏、李子等水果种植
			152	葡萄种植	
			153	柑橘类种植	
			154	香蕉等亚热带水果种植	指香蕉、菠萝、芒果等亚热带水果种植
			159	其他水果种植	

代码				类别名称	说明
门类	大类	中类	小类		
	1	16		坚果、含油果、香料和饮料作物种植	
			161	坚果种植	
			162	含油果种植	指椰子、橄榄、油棕榈等的种植
			163	香料作物种植	
			169	茶及其他饮料作物种植	
		17	170	中药材种植	指主要用于中药配制以及中成药加工的药材作物的种植
		19	190	其他农业	指上述未列明的农作物种植
A	2			林业	
				林木育种和育苗	
		21	211	林木育种	指应用遗传学原理选育和繁殖林木新品种核心的栽植材料的林木遗传改良活动
			212	林木育苗	指通过人为活动将种子、穗条或植物其他组织培育成苗木的活动
		22	220	造林和更新	指在宜林荒山荒地荒沙、采伐迹地、火烧迹地、疏林地、灌木林地等一切可造林的土地上通过人工造林、人工更新、封山育林、飞播造林等方式培育和恢复森林的活动
		23	230	森林经营和管护	指为促进林木生长发育，在林木生长的不同时期进行促进林木生长发育的活动
		24		木材和竹材采运	指对林木和竹木的采伐，并将其运出山场至贮木场的生产活动
			241	木材采运	
			242	竹材采运	
		25		林产品采集	指在天然林地和人工林地进行的各种林木产品和其他野生植物的采集等活动
			251	木竹材林产品采集	

续表

代码				类别名称	说明
门类	大类	中类	小类		
A	2	25	252	非木竹材林产品采集	指在天然林地和人工林地进行的除木材、竹材产品外的其他各种林产品的采集活动
	3			畜牧业	指为了获得各种畜禽产品而从事的动物饲养、捕捉活动
		31		牲畜饲养	
			311	牛的饲养	
			312	马的饲养	
			313	猪的饲养	
			314	羊的饲养	
			315	骆驼饲养	
			319	其他牲畜饲养	
		32		家禽饲养	
			321	鸡的饲养	
			322	鸭的饲养	
			323	鹅的饲养	
			329	其他家禽饲养	
		33	330	狩猎和捕捉动物	指对各种野生动物的捕捉以及与此相关的活动
		39	390	其他畜牧业	
	4			渔业	
		41		水产养殖	
			411	海水养殖	指利用海水对各种水生动植物的养殖
			412	内陆养殖	指在内陆水域进行的各种水生动植物的养殖
		42		水产捕捞	
			421	海水捕捞	指在海洋中对各种天然水生动植物的捕捞
			422	内陆捕捞	指在内陆水域对各种天然水生动植物的捕捞
	5			农、林、牧、渔服务业	
		51		农业服务业	指对农业生产活动进行的各种支持性服务，但不包括各种科学技术和专业技术服务

代码				类别名称	说明
门类	大类	中类	小类		
A	5	51	511	农业机械服务	指为农业生产提供农业机械并配备操作人员的活动
			512	灌溉服务	指对农业生产灌溉系统的经营与管理
			513	农产品初加工服务	指对各种农产品（包括天然橡胶、纺织纤维原料）进行脱水、凝固、去籽、净化、分类、晒干、剥皮、初烤、沤软或大批包装以提供初级市场的服务，以及其他农产品的初加工；其中棉花等纺织纤维原料加工指对棉纤维、短绒剥离后的棉籽以及棉花秸秆、铃壳等副产品的综合加工和利用活动
			519	其他农业服务	指防治病虫害的活动，以及其他未列明的农业服务
		52		林业服务业	指为林业生产服务的病虫害的防治、林地防火等各种辅助性活动
			521	林业有害生物防治服务	
			522	森林防火服务	
			523	林产品初级加工服务	指对各种林产品进行去皮、打枝或去料、净化、初包装提供至贮木场或初级市场的服务
			529	其他林业服务	
		53	530	畜牧服务业	指提供牲畜繁殖、圈舍清理、畜产品生产和初级加工等服务
		54	540	渔业服务业	指对渔业生产活动进行的各种支持性服务，包括鱼苗及鱼种场、水产良种场和水产增殖场等进行的活动

二、农业信息采集重点

作为农村信息员，我们要重点采集以下方面信息：

（一）农业科技创新信息

包括农民当前急需的优良品种及实用指导技术，科研成果的开发应用、成功的优化种养模式、成功的规模经济典型、农业增效农民增收致富的好方法及其典型等。

（二）农用生产资料供求信息

农用生产资料按需求特征，可以分为以下几类：

①农用机械设备，包括拖拉机、柴油机、电动机、联合收割机、抽水机、水泵、烘干机、农用汽车、农渔业机船、饲料粉碎机等。

②半机械化农具，又称改良农具，包括以人力、畜力为动力的农业机具。

③中、小农具，指人力、畜力使用的铁、木、竹器等农具。

④种子、种苗、种畜、耕畜、家畜、饲料。

⑤化肥、农药、植保机械、农用薄膜等。

⑥农用燃料动力、钢材、水泥及特种设备和原材料等。

农村信息员要根据农用生产资料供求具有季节性、地域性、更新快等特点，及时采集农用生产资料供求信息，满足农业生产需要。

（三）农产品供求信息

农产品供求信息是农产品流通过程中反映出来的信息。农产品流通是指农产品中的商品部分，以货币为媒介，通过交换形式从生产领域到消费领域的转卖过程。农产品流通大多是从分散到集中，再到分散的过程，即由农村产地收购以后，经过集散地或中转地，再到达城市、其他农村地区或国外等销地的过程。

农产品供求信息，包括农产品的种类、数量、产地、规格、价格、时效等信息元素。目前，采集的农产品供求信息包括现货农产品供求信息和未来一段时间内的农产品预供求信息。随着农民生产者市场意识不断增强，农产品预供求信息所占的比例越来越大，这也在一定程度上可以避免鲜活农产品种养出来后再找销路而造成的产品滞销、积压和腐烂。

（四）市场价格信息

我国农村市场随着改革开放的不断深入而发展壮大，目前，农村市场体系正在逐步健全，市场功能日臻完善，市场的特殊功能已被越来越多的人所重视。现在国家、省、市农业部门的信息网站都已开通了市场价格信息专栏，农村信息员要及时采集和传播这类信息，为引导农民调整产业结构搞好服务。同时，也要及时采集、整理本地农产品市场价格信息，向上级有关部门报送，为政府进行科学决策提供依据，也为其他地区农产品经销商提供本地市场行情参考，促进农产品市场流通。

市场价格信息，包括批发市场和零售市场的农产品种类、规格、价格、来源地等元素，一般来说，农产品市场价格采取用定点定时的收集信息，即对信息进行同类同采集点，同一时间的进行采集。如果要对市场价格信息做分析，就要对采集的信息进行汇总，与上周相比，与上月相比，与上年相比，都有哪些变化，对市场的影响程度，造成这种影响的原因，对市场未来一段时间内的价格趋势预测等，都要作出分析和判断。

（五）自然灾害信息

采集当地各类自然灾害信息，如干旱、雨涝、风雹、低温冻害、农作物和动物病虫害发生的信息，尤其是农作物和动物病虫害发生的信息，及时与当地农业部门沟通，获取自然灾害发生后对应的防治方法、应对措施等，加工成信息，及时传播，及早防治，避免造成大的损失。在采集此类信息时，信息员要严格按照国家有关法律规定，不私自散播自然灾害相关信息，可以在有关部门权威发布后转载。

（六）农业政策信息

通过各级权威报纸、各级政府官网、农业部门官网，及时收

集各类农业政策信息，利用多种手段在农村传播利用。

此外，根据当地群众需要，农村信息员还要有针对性地采集有关农村土地承包、农村劳动力供求等方面的信息。

三、农业信息采集要因地、因时制宜

农业有其特殊性，由于我国地域辽阔，季节的变化和地域的不同，各地的农业也不相同，农业信息采集重点也应该随着季节的变化和地域的变化而有所侧重。

从季节上来看，春季，我国主要的农事活动就是春耕备播，信息采集重点主要围绕农作物的春季播种、田间管理、主导品种、配套技术、农用物资供应方面；夏季，主要农事活动就是"三夏"（夏收、夏种、夏管），信息采集重点主要围绕小麦收获、跨区机收、夏粮种植、品种技术、田间管理、农用物资供应、夏季粮油购销等有关方面；秋季和冬季也各有侧重点。

从地域上来看，从南向北，各地种植农作物和养殖品种是有区别的。东北是我国的大粮仓，主要是粮食种植，农业信息采集重点自然就侧重粮食种植、加工等方面的信息；而在内蒙古、新疆等地，主要农业是畜牧业，农业信息采集重点自然就侧重畜牧养殖有关方面的信息；沿海地区海水养殖、海洋捕捞等有关方面的信息就多一些。

也有一些信息是不分季节和地域的，比如：防汛抗旱、气象预报、科技服务、价格行情、交通运输等信息，全年都需要采集。

四、信息采集周期

国家和各级政府出台的农业政策信息要每天采集，以保证及时获取，及时传播。

农产品市场价格信息、农用生产资料信息、农产品供求信息

要每天或定期采集，以保持信息的连续性，便于对农产品市场行情走势进行分析预测。

农业科技创新信息、农情动态信息、热点情况、自然灾害等信息不定期采集。

第三章　农业信息编写

第一节　农业信息编写要求

基础的农业信息采集到后，就要及时对其进行整理、分析、加工，编写成一篇完整的文字信息，报送给上级部门或传播给农民群众，以提高信息的利用价值。

一、农业信息编写要点

农业信息一般由标题、导语、主体、结语4部分组成。

1. 标题

标题是信息的眼睛，是吸引读者阅读兴趣的要素之一。因此，标题是否具有吸引力，具有新颖性和创造性，是事关整篇信息写作成功与否的关键。同时还要注意求"实"忌"虚"，要平实、客观，简洁、扼要，不要为了追求新颖独特而不切实际，或夸大虚辞。起标题时，一要清晰准确地说明一个事实；二要突出信息中最为重要的因素。

2. 导语

即开头第一句或第一自然段。用最简洁的文字概括事实核心，把信息中最重要、最新鲜、最精彩、最吸引人的事实及其主要意义写出来，点出全文的主旨，或者把读者急于了解的问题提出来，打动读者，引起读者的注意，使他们有读下去的兴趣。

3. 主体

即信息的基本部分，是导语之后，构成信息内容的主要部分。它对导语所概括的事实或情况，做进一步的解释、补充与叙述，是发挥与表现信息主题的关键部分。要运用有说服力的、充分的典型材料表现主题，要注意层次清楚、点面结合、精选材料，并且与导语呼应，力求生动活泼。

4. 结语

即信息的最后一段或最后一句话，它能表达事实的完整性和逻辑的严密性，起着总结全文、揭示主旨、照应开头、启示未来或发出号召、鼓舞人心的作用。这一要素的具备，能使信息的观点更加鲜明。

二、农业信息的编写

（一）农业信息的选题

一般来说，农村信息员都是按照上级有关部门下达的信息采集任务进行信息的采集和编写，但都是给出一个大的信息采集范围，在这个信息采集范围内，农村信息员可以自由选择所关注的信息源进行信息采集与编写。

通常情况下，农村信息员在农业信息选题时要注意以下五点：

一是要关注热点。当前一段时间内，在当地发生的一些与"三农"相关的全局性、苗头性、倾向性的信息。

二是要捕捉亮点。在对当地农村社会经济发展过程中出现的新情况、新做法、新经验、新成效等，要做客观、科学的判断和实事求是的评价，具有普遍学习、借鉴作用的信息要及时捕捉和报送。

三是要剖析难点。要善于发现问题、剖析问题和反映问题，尤其是当地群众反映强烈、政府关注的各种矛盾和问题。要深入调查、多方面查找原因，提出有针对性的对策建议。

四是要研究盲点。从某些方面说，盲点就是创新点。只有能够发现盲点，才能够研究并发掘盲点的价值，提出创新的观点。

五是要挖掘萌芽点。要善于挖掘处于萌芽的敏感性的事件。

(二) 农业信息类型及写作特点

1. 农业信息常用类型和特点

农业信息写作常用的有 4 种类型：报道型、资料型、技术型和调查型。

(1) 报道型信息 特点是内容简洁，篇幅短小，传递快速，浏览费时少，能一目了然。写作特点是文字精练，开门见山，直截了当，结构不宜复杂，做到言简意明，快写、快发争时效。篇幅一般以 300 ~ 500 字为宜。这样的题材写作较容易，对初涉信息写作者最为适合。

(2) 资料型信息 特点是以数字或资料为主，同时有文章形式，有观点和简要分析。例如，历史资料、年报资料、纵横对比资料等，均属此类型的信息。写作特点是开门见山，直陈事实，述而不论，把客观的事实告诉读者。文后可做些简要分析，但以三言两语为宜，不做过多的阐述。

(3) 技术型信息 此类信息的写作特点：一是注重时效性，二是可操作性。扼要讲明技术的内容要点、作用和应用操作。使读者看得懂、知应用、明效用。

(4) 调查型信息 写作特点有 6 个方面：一是有明确的针对性；二是有翔实的新资料；三是有一定深度的分析；四是有以事实为基础的陈述；五是调查方法过程不写或略写，点到即可；六是结构形式灵活。

调查型信息，一般是先扼要写明调查目的、调查方式和调查单位；接着简述调查情况（主要篇幅）；然后概括分析，作出结论；最后提出一些建议（这部分也可不写）。调查型信息主体是调查情况，简练地写实、写明。分析简洁切题，结论要科学、准确。

2. 其他类型

农业信息还可分为动态型信息、经验型信息、苗头型信息、问题型信息和建议型信息5种。

（1）动态型信息　要注意及时性。此类信息一般是指工作动态、社会动态、重要的市场信息以及对上级机关部署的贯彻落实情况，要及时上报或发布，延时不但失去信息的价值，还可能会造成重大损失。

（2）经验型信息　要注意普遍性。此类信息一般是指有推广价值的做法、办法及新事物等，多是一个地区、一个部门的情况，要注意在面上要具有指导、示范带动作用。

（3）苗头型信息　要注意超前性。此类信息一般是指可能引发重大集访等社会不稳定因素方面的信息，要能超前报送，起到预警作用，让事态消灭在萌芽状态之中。

（4）问题型信息　要注意倾向性。此类信息一般是指报忧信息或叫负面信息，有助于领导同志了解问题和困难，以便及时采取对策措施。要特别注意它的客观性、真实性。

（5）建议型信息　要注意可操作性。此类信息主要是为领导的科学决策服务的，要能说明白事由，具有可操作性，操作起来切实可行。

三、农业信息编写原则

农业信息编写要遵循简洁、准确、生动活泼的原则。

（一）简洁

即用简明扼要的语言表达充实、精彩的新闻内容，用尽可能少的文字，传达尽可能多的信息量，而且要讲清问题的实质和要害。

（二）准确

传递真实可靠的信息。在叙述新闻信息内容时，时间、地点、人物、事件和数据必须准确无误。表达范围、数量、程度、条件、主次等，必须掌握分寸，不能过头、也不能不及，尤其不能人为地"拔高"、"突出"。要全面客观，实事求是，一切从实际出发。

（三）生动活泼

要讲究表达技巧，力求做到形式新颖，笔调灵活，妙语连珠，情趣盎然，富有思想性、知识性和趣味性。

第二节　农业信息编写注意事项

我们在编写农业信息时，经常会有一些平时不太注意的不好的书写习惯，但是会造成读者的困惑。下面列举一部分，在编写信息时注意避免。

一、标题注意事项

①标题的字数不宜过长，避免出现好几行。

②标题通常句型完整，主谓宾齐全。同时应突出文章要点，避免出现同样词语，力求简短、醒目、新颖。

③标题要明确表达文章内容，不要给人以模棱两可的感觉，避免因题目理解问题造成纠纷。

④标题用词要通俗易懂，不要使用过于专业或晦涩的词语。

⑤标题中的地名应尽量避免使用简称，市、县地名前最好加上省的名称。涉及国家名称时写全称，约定俗成的可用简称，比如美、英、俄；容易混淆的不可用简称，如巴（巴基斯坦、巴勒斯坦），阿（阿富汗、阿根廷）等。县及县以下地名不要简写或写古称，也不要直接出现村名，读者知道的不会太多。

⑥标题中提及的人名如果不为读者所熟知，应在标题长度允许的条件下注明职务或头衔。

⑦标题中尽量不要出现逗号、句号，有疑问、加重的语气可适当使用问号、叹号，数字一般用半角，标题中间断开要用半角空格。

⑧标题中不要出现非标准式缩写，更不要自创缩写。

⑨标题严禁出现错别字。

⑩标题涉及重要政治人物，特别是国家领导人、敏感人物等时，其称呼参考新华社文章。

二、正文注意事项

（1）注意地区概念　有些信息中经常重复出现"我市"、"本市""我县"等。如果在标题中出现过市、县的全称，在正文中可以以"我市"、"本市""我县"称呼；如果标题中没有出现过市、县的全称，在正文中第一次出现时要写市、县的全称。在正文第一次出现村名时，要注明是哪个县哪个乡，给读者一个明晰的辖区概念。

（2）注意时间概念　有些信息中经常含糊出现"上月"、"今天""本周"等。农村信息员注意在文中尽量要注明具体日期，"本周"这样表示一段时间概念的词也要注明起止日期。由于信息在报送、传输、转载时都有一定的时间差，很容易给读者时间概念上的混淆。

（3）注意信息分段　有时我们在编写信息时不注意分段，一篇信息就是一段。这样让读者容易串行，不易阅读。

（4）注意不要出现文字错误　在编写完农业信息时，要注意自我审查，不要出现错别字，尤其是有英文的，更要认真审查，不要出现错误拼写。标点符号也要注意运用正确。

三、其他注意事项

（1）注意学习业务知识 由于农村信息员多数是农业生产第一线工作者，实践经验丰富，但是在编写农业信息时，有时会用到一些农业和农村经济固有的指标、术语等，平时要多注意学习农业相关业务知识，写出的信息才会越来越专业。

（2）注意提高信息采编能力 平时多注意学习一些信息的采集和编辑的方法技巧，也多学习一些文字知识，不断提高采编水平，避免知识性和文字性的错误，编写出高质量的信息。

第三节　农业信息编写范例

通常，农村信息员在编写信息时，一般较多的是农情信息、农业工作动态信息、农产品或农资市场价格信息等。下面，分别就这几类信息的编写进行举例说明。

范例一：农情信息编写

某乡农村信息员在临近夏收时，采集到信息"今年全乡小麦种植面积 8 000 亩（1 亩 ≈ 667m^2。全书同），预计总产量能达到 4 800t。"那么，他如何将这条信息加工整理成一条完整的文字信息呢？

分析：通过计算，信息员可以得出全乡小麦的亩产为 600kg/亩，然后查找历史记录，将这 3 个数字分别与去年做比较，即今年与去年相比，种植面积、总产量和亩产量分别增或减的情况。既然有增有减，那么，再调查分析一下，增或减的原因都有哪些？哪些是主要原因？与去年相比较的情况出来了，那么，与近几年比较呢？是一直持续增产呢？还是有增有降呢？继续查找历史资料，找出相关数据，这样一条完整的文字信息就出来了。

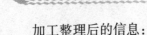

加工整理后的信息：

临近夏收，从××部门了解到，今年我乡小麦种植面积8 000亩，预计亩产量为600kg/亩，总产量能达到4 800t。与去年相比，我乡小麦种植面积基本持平，亩产量和总产量分别增长了×%和×%。主要原因有3点，一是天气原因，去冬今春以来，风调雨顺，没有大的自然灾害，小麦长势一直良好；二是使用了××优良品种，×××；三是推广了×××技术。

近三年来，我乡小麦在种植面积基本持平的情况下，亩产量和总产量持续稳步增长，预计可以实现"三连增"，创历史最高水平。

范例二：农业工作动态信息编写

玉田县农业部门信息员采集到的一条该县申报国家农业改革与建设试点项目获批的信息，他编写的信息如下：

题目：我县国家农业改革与建设试点正式获批

内容：近日，农业部网站发布《农业部、财政部关于选择天津市武清区等21个国家现代农业示范区开展农业改革与建设试点的通知》，我县国家现代农业示范区正式获批国家农业改革与建设试点，成为全国21个试点之一，全省唯一一家。

分析：按照信息编写四要素，该信息题目直接点题，阐明了观点，但是，不应该写"我县"，读者不知道是我国哪个省哪个县；该信息没有导语，直接进行叙述，但是，仍旧没有说明事件发生的地点，这个试点都需要做什么工作，达到什么目的，有无奖惩措施，下一步需要做什么，均没有表述。

加工整理后的信息如下：

题目：玉田县国家农业改革与建设试点正式获批

内容：5月22日，农业部网站公布了首批21个开展农业改革与建设试点的国家现代农业示范区名单，玉田县作为河北省唯

——家国家现代农业示范区位列其中。

根据农业部网站公布的《农业部、财政部关于选择天津市武清区等21个国家现代农业示范区开展农业改革与建设试点的通知》，试点将主要围绕加快建立农业经营新体系、产销衔接新模式、投融资新机制、财政支持新方式、风险防范新措施等改革与建设任务展开，通过探索破解经营规模小、投入分散、融资难、保险发展滞后等现代农业发展瓶颈的办法，为中国特色农业现代化建设积累经验、储备政策。

作为贯彻党的"十八大"和今年"中央一号"文件精神、深化农业改革、加快现代农业建设的重要举措，农业部、财政部会同国家开发银行、中国农业发展银行、中国储备粮管理总公司于今年年初联合组织开展了农业改革与建设试点示范区申报工作，经示范区政府申请、省级有关部门审核推荐、专家评审、五部门联合会商及公示，最终遴选出21个国家现代农业示范区作为农业改革与建设试点。

在试点过程中，五部门将认真落实财政和金融支持措施，发挥各自优势，推动农业项目资金向试点示范区倾斜；同时，加强对试点示范区的考核评估，对工作推进措施不得力、进展缓慢、成效不明显、试点任务难以完成的试点示范区将终止试点资格。

据了解，为推动农业改革与建设试点取得实效，农业部、财政部将于6月14~15日在北京举办国家现代农业示范区农业改革与建设试点培训班，正式启动农业改革与建设试点，部署试点工作，宣讲农业改革政策，并研讨交流推进农业改革与建设试点的思路和措施，从而推动各试点县区积极创新农业改革工作思路、工作方法和工作内容。

范例三：农产品市场价格信息编写

某县农村信息员在该县某农产品批发市场采集市场价格信

息，回去后经过加工整理，编写了一条文字信息，该信息如下：

题目：某县某农产品批发市场一周价格行情

内容：本周某农产品批发市场番茄交易价格同比大幅上涨，平均价格 5.23 元/kg，去年同期平均价格 3.60 元/kg，同比上涨 45%。黄瓜日价格与上周相比基本持平，平均价格 5.00 元/kg。圆白菜价格回落，平均价格 1.60 元/kg。韭菜价格下降，平均价格 1.40 元/kg，同比上涨 70%。菠菜平均价格 1.52 元/kg，同比下降 30%，香菜平均价格 6.00 元/kg，同比下降 17%，芹菜平均价格 1.86 元/kg，同比下降 21%。一等富士苹果平均价格 7.00 元/kg，芦柑平均价格 4.60 元/kg。

分析：该信息题目说明了基本情况，但不够鲜明；没有导语，直接描述批发市场农产品交易价格，虽然各品种交易价格都列出来了，但是，没有分类，相对比较杂乱；缺少市场后期价格趋势预测。

加工整理后信息如下。

题目：某县某农产品批发市场本周蔬菜果品价格稳中趋降

内容：由于今春气候适宜，本地果菜上市期提前，市场供应充足，蔬菜果品价格总体稳中趋降，个别品种价格上涨。预计随着气温的进一步上升，市场上果菜交易量将逐渐增大，蔬菜果品价格将继续呈现下降趋势。

目前，市场蔬菜类主要交易品种有番茄、黄瓜、韭菜、白菜、芹菜、菠菜等。从本周交易情况来看，番茄交易量上升，价格同比大幅上涨，平均价格 5.23 元/kg，去年同期平均价格 3.60 元/kg，同比上涨 45%。目前上市的番茄以温室居多，预计 2 周以后，冷棚番茄将迎来上市高峰期，价格会有所回落。黄瓜日交易量 220t 左右，价格与上周相比，基本持平，平均价格 5.00 元/kg。圆白菜价格回落，以客菜为主，平均价格 1.60 元/kg。韭菜价格下降，平均价格 1.40 元/kg，同比上涨 70%。今年春季气候温和，气温回升，叶菜类价格明显低于去年同期。菠菜平均价格 1.52 元/kg，同比下降 30%，香菜平均价格 6.00 元/kg，同比下降 17%，芹菜平均价格 1.86 元/kg，同比下降 21%。生姜、蒜头自春节过后，价格持续平稳，生姜价格保持在 9.50 元/kg 左右，蒜头价格平均 4.00 元/kg。

市场果品类交易量和价格均较稳定，本周一等富士苹果平均价格 7.00 元/kg，芦柑平均价格 4.60 元/kg。由于今年气候适宜，草莓和甜瓜上市期提前，平均批发价格均为 8.00 元/kg，随着上市量日渐增加，预计价格会持续下降。

第四节　农业和农村经济一些常用指标解释

一、国家粮食安全的内涵

（一）粮食安全概念的提出

粮食安全概念提出的背景是 20 世纪 70 年代初发生的世界粮食危机。面对严重的粮食危机，1974 年 11 月世界粮食大会通过了《消除饥饿与营养不良世界宣言》，提出"每个男子、妇女和儿童都有免于饥饿和营养不良的不可剥夺的权利……因此，消除饥饿是国际大家庭中每个国家，特别是发达国家和有援助能力的其他国家的共同目标。"FAO（联合国粮农组织）理事会同时通过了《世界粮食安全国际约定》（以下简称《约定》），认为保证世界粮食安全是一项国际性的责任，有关国家应"保证世界上随时供应足够的基本食品……以免严重的粮食短缺……保证稳定地扩大粮食生产以及减少产量和价格的波动。"《约定》要求各国采纳保证世界谷物库存量最低安全水平的政策。

（二）粮食安全定义的演变

FAO 对粮食安全的定义有一个演变过程。1974 年 FAO 把粮食安全定义为："保证任何人在任何地方都能得到为了生存和健康所需要的足够食品。"1983 年 4 月 FAO 世界安全委员会通过的总干事爱德华·萨乌马提出的粮食安全新概念是："粮食安全的最终目标是，确保所有的人在任何时候既能买到又能买得起他们所需要的基本食品。"1996 年 11 月第二次世界粮食首脑会议通过的《罗马宣言》和《行动计划》，对世界粮食安全做了如下表述："只有当所有人在任何时候都能够在物质上和经济上获得足够、安全和富有营养的粮食，来满足其积极和健康生活的膳食需要及食物喜好时，才实现了粮食安全。"

（三）粮食安全的基本内涵

按照以上定义，国家粮食安全包括以下基本内涵：

①确保粮食总量能够满足全国所有人的需要。

②确保一个国家所有人在任何时候能够获得所需要的基本粮食。

③人们获得的粮食，不仅在数量上满足，还要优质、安全（无污染）又富有营养。

④人们获得的粮食不仅要满足吃饱，而且要满足其积极、健康生活的膳食需要和食物喜好。

由此可见，FAO 对粮食安全的要求越来越高，20 世纪 70 年代初对粮食安全的要求仅限于满足数量需求，而 90 年代对粮食安全的要求不仅包括数量，还包括质量及经济性，相当于我国提出的小康社会生活标准。换言之，我们对粮食安全的认识，不能停留在解决饥饿问题，而应当是与社会经济发展相适应的粮食安全观。

（四）国家粮食安全指标体系

目前，联合国粮农组织、世界银行及各国学者提出的关于国家粮食安全状况的衡量指标比较一致，主要有以下 5 项指标。

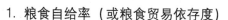

1. **粮食自给率（或粮食贸易依存度）**

国际上把一国粮食自给率≥90%（粮食贸易依存度≤10%）定为可以接受的粮食安全水平；一国的粮食自给率≥95%定为基本自给。

2. **粮食储备水平**

FAO把年末粮食储备和商业库存占年度总消费量的17% ~ 18%定为粮食安全储备。

3. **粮食产量波动系数**

粮食产量波动幅度在一定程度上反映一个国家的粮食安全程度。

4. **人均粮食占有量**

一个国家人均粮食占有量越大，表示粮食安全水平越高。

5. **低收入居民的粮食保障水平**

增加低收入居民的粮食供给，可以显著地提高一个国家的粮食安全水平。

上述指标体系是科学的，但还不够完善。应从我国实际出发，制定适合我国国情的粮食安全指标体系。除上述5个指标外，我国应增补以下2个指标：

（1）粮食播种面积　常年不应低于16亿亩。

（2）耕地面积　常年总耕地面积应保持目前19.2亿亩的水平，基本农田面积应保持在16.2亿亩，并实现耕地消长的动态平衡，耕地面积下降应严格控制在较小范围内。

同时，由于受港口、交通条件和购买力等各方面制约较为严重，我国作为人口大国，对粮食安全指标体系应从严掌握。例如，粮食的自给率指标，应控制在≥95%，不能轻易放宽。

二、一些常用指标解释

乡村户数：指长期（一年以上）居住在乡镇（不包括城关镇）行政管理区域内的住户，还包括居住在城关镇所辖行政村范围内的农村住户。户口不在本地而在本地居住一年及以上的住户也包括在本地农村住户内；有本地户口，但举家外出谋生一年以上的住户，无论是否保留承包耕地都不包括在本地农村住户范围内。不包括乡村地区内的国有经济的机关、团体、学校、企业、事业单位的集体户。

乡村人口数：指乡村地区常住居民户数中的常住人口数，即经常在家或在家居住6个月以上，而且经济和生活与本户连成一体的人口。外出从业人员在外居住时间虽然在6个月以上，但收入主要带回家中，经济与本户连为一体，仍视为家庭常住人口；在家居住，生活和本户连成一体的国家职工、退休人员也为家庭常住人口。但是现役军人、中专及以上（走读生除外）的在校学生以及常年在外（不包括探亲、看病等）且已有稳定的职业与居住场所的外出从业人员，不应当作为家庭常住人口。

乡村劳动力资源数：指乡村人口中劳动年龄以上（16周岁）能够参加生产经营活动的人员。

乡村从业人员：指乡村人口中16周岁以上实际参加生产经营活动并取得实物或货币收入的人员，既包括劳动年龄内经常参加劳动的人员，也包括超过劳动年龄但经常参加劳动的人员。但不包括户口在家的在外学生、现役军人和丧失劳动能力的人，也不包括待业人员和家务劳动者。从业人员年龄为16周岁以上。从业人员按从事主业时间最长（时间相同按收入）分为农业从业人员、工业从业人员、建筑业从业人员、交运仓储及邮电通讯业从业人员、批零贸易及餐饮业从业人员、其他从业人员。

其他非农行业劳动力：指除上述以外的从事房地产管理，公用事业、居民服务和咨询服务，卫生，体育和社会福利事业，教育，文化艺术和广播电视事业，科学研究和综合技术服务事业以及在乡村经济组织从事经济管理的劳动和其他劳动力（注：鉴于目前乡村第三产业尚不发达，为减轻基层分类统计的工作量，将上述各行业劳动力集中统一处理）。

外来从业人员：乡镇从业人员中户籍在外地的乡镇工作人员和乡镇企业外出打工人员。

第一产业从业人员：从事农、林、牧、渔业的从业人员。

第二产业从业人员：从事第二产业即从事工业（包括采矿业、制造业、电力、燃气及水的生产和供应业）和建筑业的从业人员。

第三产业从业人员：从事第三产业即一二产业之外的从业人员（包括交通运输、仓储和邮政业，信息传输、计算机服务和软件业，批发和零售业，住宿和餐饮业，金融业，房地产业，租赁和商务服务业，科学研究、技术服务和地质勘查业，水利、环境和公共设施管理业，居民服务和其他服务业，教育，卫生、社会保障和社会福利业，文化、体育和娱乐业，公共管理和社会组织，国际组织）。

财政供给人数：指本年末在乡（镇）政府、党委、人大等组织所拥有的干部人数，包括聘用人员在内。

农作物总播种面积：是指全年各季各种农作物播种面积的总和。现行农业统计制度规定，全年农作物总播种面积是指应该在本日历年度内收获的农产品的作物的播种面积之和。其计算公式为：本年农作物总播种面积＝上年秋冬播种面积＋本年春播作物面积＋本年夏播作物面积＝本年夏收作物播种面积＋本年秋收作物播种面积。

农作物产量：指本年度全社会范围内生产的农产品的产量，不论计划内外数量多少，耕地上与非耕地上的农作物产量，都应统计在内。各种主要作物产量按国家的统一规定计算。作为粮食的薯类产量按 2.5kg 折 0.5kg 计算,城市郊区按蔬菜计算的薯类产量按鲜品统计。

粮食播种面积:指本日历年度内收获粮食作物的播种面积之和。包括耕地和非耕地上的播种面积。粮食播种面积为谷物、豆类和薯类播种面积之和。

粮食总产量:指全社会的产量。包括国有经济经营的、集体统一经营的和农民家庭经营的粮食产量。

谷物:指稻谷、小麦、玉米、谷子、高粱和其他谷物,不包括薯类和大豆。早稻指从播种到成熟约在 120 天以内,中稻为 120~150 天,晚稻为 150~180 天。其他谷物指除稻谷、小麦、玉米、谷子、高粱以外的一些子实主要用作粮食的作物,包括大麦、元麦(青稞)、莜麦、荞麦、糜子、黍子等。

其他作物具体包括绿肥作物、饲料作物、香料作物、苇子、蒲子、蒲草、莲子、席草、花卉等。

蔬菜产量:指乡镇生产的各种蔬菜包括菜用瓜、茭白、芋头、生姜等在内的产量。

棉花总产量:按皮棉计算。3kg 籽棉折 1kg 皮棉。不包括木棉。

油料总产量:指全部油料作物的产量。包括花生、油菜籽、芝麻、向日葵籽、胡麻籽(亚麻籽)和其他油料。不包括大豆、木本油料和野生油料。花生以带壳干花生计算。

糖料总产量:指甘蔗和甜菜生产量的合计。甘蔗以蔗秆计算,甜菜以块根计算。

禽蛋产量:本乡镇范围内生产的鸡、鸭、鹅等禽蛋产量之和,包括出售的和农民自产自用的部分。

水产品产量:指当年捕捞的水产品(包括人工养殖并捕捞的水产品和捕捞天然生长的水产品)产量。

园林水果：指在专业性果园、林地及零星种植果树上生产的水果（老统计口径水果）。不包括瓜果类。

年末果园面积：指年末专业性果园面积，不包括果用瓜种植面积。

全年水果总产量：指包括园林水果（老统计口径水果）产量与瓜果类产量之和。

年末耕地面积：指种植农作物并经常进行耕锄的田地，包括熟地。当年新开荒地、连续撂荒未满3年的耕地，以及当年的休闲地（轮歇地）。以种植农作物为主，并附带种植桑、茶、果树和其他林木的土地以及沿海、沿湖地区已围垦利用的"海涂""湖田"等，以及耕地边缘南方小于1m、北方小于2m的沟、渠、路、田埂均作为耕地统计。不包括专业性的桑园、果园、茶园、果木苗圃、林地、芦苇地、天然草原等。

退耕造林面积：指坡度在25°以上（含25°）的耕地停止种植农作物，并进行造林，经过检查验收成活率达85%以上的面积。

水田：指筑有田埂（坎），可以经常蓄水，用来种植水稻、莲藕、席草等水生作物的耕地。因天旱暂时没有蓄水而改种旱地作物的，或实行水稻和旱地作物轮种的（如水稻和小麦、油菜、蚕豆等轮种），仍计为水田。

水浇地：指旱地中有一定水源和灌溉设施；在一般年景下能够进行正常灌溉的耕地。由于雨水充足在当年暂时没有进行灌溉的水浇地，也应包括在内。没有灌溉设施的引洪淤灌的耕地，不算水浇地。

临时性耕地：指在常用耕地以外临时开垦种植农作物，不能正常收获的土地。包括临时种植农作物的坡度在25°以上的陡坡地，在河套、湖畔、库区临时开发种植农作物的成片或零星土地。根据《中华人民共和国水土保持法》规定，现在临时种植农作物坡度在 25°以上的陡坡地要逐步退耕还林还草；环北京、黑河流域、塔里木河流域等地区临时开垦种植农作物，易造成水土流失及沙化的土地，已列为国家或地方退耕还林还草规划，近年也要逐步退耕。这部分临时性耕地又称为待退的临时性耕地。

当年新开荒地：指报告年度内已种上农作物的新开荒地；已开垦但尚未耕种的土地，因实际上没有利用，不计算为耕地面积。

花卉种植面积：指在大田种植的花卉面积。包括设施及盆栽花卉。

蔬菜大棚：指由塑料膜覆盖，人能在内作业，以种植蔬菜为主的大棚，按占地面积计算。

农业机械总动力：指用于农、林、牧、渔业生产的各种动力机械的动力之和，包括耕作机械、农用排灌机械、收获机械、植保机械、林业机械、渔业机械、农产品加工机械、农用运输机械、其他农用机械。按能源又分为柴油、汽油、电力和其他动力。总动力按法定计算单位千瓦（kW）计算（注：1 马力 = 735.5W = 0.735W）

当年出栏头数：指农、林、牧、渔企业生产单位饲养的，供屠宰并已出栏的全部牲畜头数。包括交售给国家，集市上出售的部分

肉产量：指各种牲畜及家禽、兔等动物肉产量总计。猪、牛、羊、驴、骡、骆驼肉产量按去掉头、蹄、下水后带骨肉的体重量计算，兔禽肉产量按屠宰后去毛和内脏后的重量计算，可用住户调查资料推算。

大牲畜：主要指牛、马、驴、骡、骆驼

家禽：包括鸡、鸭、鹅及其他家禽。在上报出栏头数和肉产量时只报鸡、鸭、鹅的数量。

水产品产量：是指本年度内农业企业捕捞的水产品（包括人

工养殖并捕获的水产品和捕捞天然生长的水产品）产量。

贝类产品产量的计算标准：贝类中的蚶、蛤蜊仍按 2.5kg 鲜品折 0.5kg 计算。

水产品养殖面积：指人工投放鱼、虾、蟹、贝、藻等苗种并经常进行饲养管理的水面面积。

农、林、牧、渔业总产出：是指各种经济类型的农业生产单位或农户从事农业生产经济活动的总成果。包括农、林、牧、渔业产品总量和劳务活动的总成果（即对非物质生产部门的劳务支出）两部分。

农、林、牧、渔业增加值：是指各种经济类型的农业生产单位和农户从事农业生产经营活动所提供的社会最终产品的货币表现。增加值的计算方法有两种：一是生产法，农、林、牧、渔业增加值 = 农林牧渔业总产出 – 农林牧渔业中间消耗；二是分配法，农林牧渔业增加值 = 固定资产折旧 + 劳动者报酬 + 生产税净额（生产税 – 生产补贴） + 营业盈余。

出售产品收入：指农村集体和农民当年生产而出售的农、林、牧、渔业和工业产品的收入。

农民人均纯收入：指总收入扣除相对应的各项费用支出后，归农民所有的收入。它可以用于生产、非生产投资，改善物质和文化生产，以及用于再分配的支出和结余的收入。

纯收入 = 总收入 – 家庭经营费用支出 – 生产用固定资产折旧 – 税收 – 上交集体承包任务 – 调查补贴 – 赠送农村内部亲友的支出。

农民人均纯收入：指调查期内从农民人均总收入中，扣除从事生产和非生产经营费用支出、缴纳税款和上交承包集体任务金额以后剩余的收入，即可直接用于进行生产性和非生产性建设投资、生活消费和积蓄的那一部分收入。有农村住户抽样调查网点的乡镇可利用抽样调查资料进行推算；没有农村住户抽样调查网点的乡镇可利用经管站农民人均劳动所得资料进行推算。

增加值：有 3 种表现形式，即价值形态，收入形态和产品形态。从价值形态看，它是常住单位在一定时期内所生产的全部货物和服务价值超过同期投入的全部非固定资产货物和服务价值的差额；从收入形态看，它是常住单位在一定时期内所创造并分配给常住单位和非常住单位的初次分配收入之和；从产品形态看，它是最终使用的货物和服务减去进口货物和服务。在核算中，增加值的 3 种表现形态表现为 3 种计算方法，即生产法、收入法和支出法。3 种方法分别从不同的方面反映增加值及其构成。

第一产业增加值：是指农、林、牧、渔业增加值。

第二产业增加值：是指工业增加值和建筑业增加值之和。

第三产业增加值：是指除农林牧渔业、工业和建筑业以外的其他所有行业增加值之和。

总产出：是指常住单位在一定时期内生产的货物和服务的价值总和，反映国民经济各部门生产经营活动的总成果，即社会总产品。

劳动者报酬：指劳动者因所从事的工作而获得的报酬，不论它们是由工资科目开支的，还是由其他费用科目开支的，不论是以货币形式支付的，还是以实物形式支付的。从内容上看劳动者报酬应包括 3 个部分，即劳动者在生产过程中得到的货币收入、实物收入和隐性收入。具体表现为工资和奖金、福利保险、实物收入及其他收入。

固定资产折旧：固定资产折旧反映的是在生产过程中损耗和转移的固定资产价值。

社会消费品零售额：指全镇调查期内各种经济类型的商业企业、饮食业、工业和其他行业的零售额以及农民对非农业居民零售额的总和。资料来源于商业统计资料。

种植业中间消耗

用种量：是指实际播种使用的自留种子和购买种子、秧苗、树苗等数量及支出。自产的按正常购买期市场价格计算，购入的按实际购买的价格计算。属于生产单位和农户自行育苗所支付的人工、肥料、农药及农膜等支出，应分别计入作物成本的有关项目中，不计入种子秧苗费，以免重复。

核算单位：种子按千克（kg）计，秧苗、树苗按株计算。

肥料：是指农业、林业的生产过程中，所使用的化肥、复合肥、饼肥、绿肥和农作物副产品（如秸秆还田用作肥料）。

化肥按实际购买价格计算；各种化肥用量必须按其有效成分含量折成纯量计算，如磷酸二铵（$(NH_4)_2HPO_4$）含氮46%，含磷18%，则每50kg磷酸二铵折纯量32kg。

绿肥和农作物副产品的计算按现行制度执行。核算单位为千克（kg）或元。

农膜：指生产过程中耗用的塑料薄膜，按实际购买价格计算。其中，地膜一次性计入，棚膜按两年分摊计算。

农药：购买的按实际购买价格计算，自产的按市场价或成本价作价。除草剂费用计入此项。

饲料饲草：指饲养耕畜的支出。购进的饲草、饲料按实际购进价格计算，自产自采的饲草、饲料按实际支出的费用和用工作价。耕畜放牧中所吃的草不再计算费用。

燃料：指烤制烟叶、烘炒茶叶等初制加工、大棚保暖及自用机械作业等生产过程中所耗用的煤、柴油、机油、润滑油等燃料动力的支出，均按实际支出计算。

棚架材料费：指用于温室育苗、防寒防冻防晒及农作物支撑物等所发生的不属于固定资产消耗的棚架材料费用，如木杆、钢架、铁丝、草帘、遮阳瓦、防雨篷等费用支出。不包括农膜的支出。使用期限超过一年的，按实际使用年限分摊。

原材料费：农民家庭兼营的商品性工业在生产经营过程中所消耗的劳动对象。包括直接材料、辅助材料、修理用零配件和包装材料等。

外雇机械作业费：指雇请拖拉机、播种机、收割机及其他农业机械（不包括排灌机械）进行作业的费用，如机耕、机播、机收、脱粒和运输等项支出。雇请农机站等单位或个人作业的，按实际支付的费用计算，并按各种作物受益面积分摊。

外雇排灌费：指各种作物应负担的排灌费用。由排灌站排灌的，按实际支付的费用计算。多种作物同时排灌的，排灌费按各种作物用水情况分摊。

三、市场价格分析一般术语（一般用于蔬菜价格分析，供参考）

持平：环比增长率在 0% ~ 2%；环比下降率在 -2% ~0%。

略涨（略降）：环比增长率在 2% ~ 4%；环比下降率在 -4% ~ -2%。

小幅上涨（小幅下降）：环比增长率在 4% ~6%；环比下降率在 -6% ~ -4%。

上涨（下降）：环比增长率在 6% ~ 10%；环比下降率在 -10% ~ -6%。

较大幅上涨（较大幅下降）：环比增长率在 10% ~20%；环比下降率在 -20% ~ -10%。

大幅上涨（大幅下降）：环比增长率在 20% ~30%；环比下降率在 -30% ~ -20%。

陡升（骤降）：环比增长率大于 30%；环比下降率超过 -30%。

说明：正值（+）称为涨，负值（-）称为降。

四、市价趋势术语

市场用"市价"来表示买卖双方的意见，在这些意见下可以产生交易。重点放在卖方的意见。市场报告中所用的市价术语主要显示在某种情况下，先前状况及价格与预测的未来状况的比较。

对于蔬菜和水果市场报告来说，不可能像报告家畜及其他商品那样，用元和分来显示价格波动范围。每种商品其包装、品种、规格等不同，价格变化也不同。

市价坚挺：价格高于前期交易价格，并且信息员认为价格还未达到最高水平，有继续上涨趋势。

市价显著上涨：价格显著高于前面交易日的价格。

市价上涨：大部分销售价格高于前期交易价格。

市价略涨：表明价格上涨不明显，比用"上涨"时缺乏普遍性。即使价格范围可能不上涨，但在价格范围内的高价位上，销售量较大，形成明显的价格"大概"要上涨的态势。如果价格区域较高、大部分价格不是不合适就是不变，那么也使用这条术语。

市价不定：就价格或趋于上涨或趋于下降而论，很少用这个术语。

市价稳定：价格与前期相比保持不变。

市价基本稳定：这是个最常用、最适当的术语，因为很少出现连续2天或更多天市价保持完全不变。

市价呆滞：价格与前期相比基本不变，交易不活跃，价格说明销售很少。这个术语只在批发市场交易不活跃、需求很弱时使用。

市价勉强稳定：表示由于需求减少、弄不清供应、未来供应量可能较大等原因，大部分卖主信心下降。价格维持在前一天的水平，但普遍存在疲软的趋势。

市价略降：表示价格下降，但不到使用"下降"一词时明显和普遍。尽管价格区域可能不下降，但在区域内较低的价位上销量较大，形成明显的价格"大概"要下降的态势。

市价下降：表示大部分销售价格比前期下降。

市价大幅度下降：表示价格比前期显著下降。

市价疲软：表示下降的趋势。价格在一定程度上比前期下降，而且在接下来的交易日中可能继续下降。

市价低迷：这个术语只在最不寻常的情况下使用。它描述的是以下状况：市场上的易腐商品供应过剩，如果不以特别低的价格出售就卖不出去，有时几乎按任何报价出售。

五、市场供给与需求一般术语

（一）供给

是指在当前市场价格上的有效产品量，为当时的贸易提供的特定商品的现有的数量，包括当期的产量和上期末的库存。

市场活动：指销售活动正在进行的地方。

活跃：现有的供应完全使市场供求平衡。

适中：现有的供应在合理的价格上使市场达到供求平衡。

缓慢：现有的供应不易使市场供求达到平衡。

不活跃：销售断断续续地，没有几个买主或卖主。

大规模：供应的数量比所报告的市场平均值高。

中等：供应的数量是所报告的市场平均值。

小规模：供应的数量比所报告的市场平均值低。

（二）需求

指拥有某种东西的愿望，特指有支付能力的需要。

非常好：供给被迅速地消化吸收。

好：由于对部分买主有可靠的信心，市场总的来讲条件是好

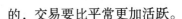

的，交易要比平常更加活跃。

适中：买主购买兴趣和交易处于一般水平。

弱：需求低于一般水平。

非常弱：几乎没有买主对交易有兴趣。

低迷：指处于一种迷失了市场走向，市场动荡不定的境地。

第四章　农业信息传播

随着我国农村经济体制改革的不断深化和市场经济的不断发展，农业信息传播的作用越来越受到人们的重视。信息已成为农业和农村生产经营、管理决策、产业结构调整的重要支撑条件，越来越多的农民开始认识到信息的重要性，认识到谁先得到信息、利用信息，谁就能抢占发家致富的主动权；越来越多的各级政府和部门也开始关注信息传播工作，并予以大力支持。

第一节　农业信息传播概念

农业信息传播是指把与农业有关的技术成果、经营动态、市场行情等通过信息服务媒体传播给农民的一种方式。主要包括农业新技术的扩散和农业新政策思想制度的宣传。

农业信息传播作为农业推广的重要组成部分之一，是促进农业科技转化为生产力，推动农业科技进步和农业产业化发展的重要因素。

第二节　农业信息传播的意义

农业信息传播的内容将直接影响到我国农业现代化进程。农业信息传播主要以农业、农村、农民需求的信息为中心，有利于推动我国农业的现代化和农村经济发展。概括起来主要表现在以下几个方面：

一、农业信息传播是农村经济发展的决策依据

信息是研究、规划、计划及决策的基本依据和传递的主要形式。只有借助于全面、准确的信息，决策者才能把握决策问题的现状和未来趋势，然后根据自己的目的和要求做好决策。决策过程也就是信息处理的过程，信息是决策科学化的基础和前提。在农业发展调整决策中，国家产业政策、国民经济发展目标、国内外市场需求与发展趋势预测、当地资源优势等是农村产业调整的主要依据。而这一切，都离不开对大量信息的周密分析和科学统计。因而，农业发展调整决策对于信息传播的依赖性十分强烈，需要有充分、准确、及时的信息支撑。

二、农业信息传播是农业现代化的重要促进手段

农业现代化的标志主要表现在农业生产手段的现代化、农业生产技术的现代化和农业生产管理的现代化，三个方面的现代化都离不开信息的现代化和信息传播的有效保障。信息传播促使传统的高耗、低效型生产结构向新兴的低耗、高效型生产结构转变；信息传播的主要渠道计算机网络将在农业上广泛应用，从而促使农业实现自动化、信息化、高效化，传统农业得到改造，农业生产效率将大幅提高，农业的粗放式高消耗生产模式将被高度集约化的"两高一优"生产模式所代替，农业产业化的劳动密集型比重将下降，技术密集型和知识密集型比重将增加。

三、农业信息传播为农业的发展提供了科学技术保障

通过农业信息传播，可以最大限度地促进农业成果的推广和应用；而且农业技术信息的开发在一定程度上降低了农业对自然生物过程、土地、气候等因素的依赖，降低农业再生产的自然风险；农业信息技术的应用，也将改变产业增长的技术基础，改变

农业科研的方式方法，大大缩短农业科研的周期，并促进现代化科学技术及成果的迅速推广和普及。

第三节　农业信息传播方式

目前，我国农村信息传播渠道大体有以下几种：

一、报纸、杂志传播

传统的报纸、杂志、图书是信息传播的最古老的方式，主要包括报纸杂志、科技小报、知识小册子、明白纸等，由于信息储存期限长，受环境条件的影响较小，获取成本低，为我国广大农民，特别是在农村，这种信息传媒受到普遍欢迎。有关调查资料表明，目前全国农村基层单位和农民获取农业信息的最主要渠道是报纸杂志，平均为51.5%。

二、广播、电视传播系统

包括电视、收音机广播，这是我国农村信息传播的主要渠道之一。现在电视机、收音机在农村中的普及率非常高，除了某些偏僻的贫困山区，广播信号特别弱以外，其他地区的农民可以通过此系统获取农业信息。

三、专业技术人员传播

一般乡、村都有自己的农技推广人员，他们在农村信息传播工作中做出了很大的贡献，地方政府也经常请有关专家为当地农民作讲座或现场指导；一些农业中介服务组织在传播职能方面部分取代了政府职能，为农户提供各种信息服务，由于政府、农业、科技部门的介入引导，这些组织不断健全，服务功能不断完善。

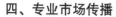

四、专业市场传播

在全国各地都有专业的农产品批发市场，多数批发市场都安装了电子显示屏，显示周边及本市场农产品交易价格、供求量等数据信息，这种渠道也为农民传播了最直接的市场信息。

五、多媒体传播

主要是指光盘传播，最常用的是 VCD、DVD，这是一种生动形象、声音图像并茂的传播渠道，受农民本身文化素质、接受水平以及经济能力等影响，报纸杂志传递信息有一定限制，相比之下，农民更易于接受声音图像并茂、通俗易懂的多媒体信息。目前，市场上农业实用技术多媒体光盘很多，农民可以在书店买到。

六、网络系统传播

这是一个全新的传播方式，也是目前发展潜力最大的一种传播方式。《2014 年 1 月第 33 次中国互联网络发展状况统计报告》显示，截至 2013 年 12 月，中国网民规模达 6.18 亿人，互联网普及率为 45.8%。其中，网民中农村人口占比 28.6%，规模达 1.77 亿人，相比 2012 年增长 2 101 万人。由此可见，我国农村居民对于互联网的认知和认可程度正在呈现出不断增长的趋势。

1996 年农业部建立了第一个国家级的中国农业信息网，1997 年中国农业科学院建成了我国第一个国家级的中国农业科技信息网。截至目前，全国涉农网站已达 3 万多家。基本形成了以中国农业信息网和中国农业科技信息网为中心，连通各省市地方农业信息网的农业信息网络体系。通过网络信息传播，农民可以方便快捷的进入各种信息系统，及时、准确、经济、全面的获取所需的信息，使农民在更广泛的范围内寻找到较多的供应商和顾客，减少流通环节的利益损失，增加农民获得机会，同时还可以使农民获得最新的科技信息，及时调整自己的生产结构，引进良种，科学施肥，生产出适合市场需要的高品质产品，获得较高的收益。

以上农业信息传播方式中，广播电视传播、专业技术人员传播、网络系统传播已形成了传播体系，均由国家主管部门牵头，省、市、县、乡各级有关部门组织，向社会提供农业信息服务。

第四节 农业信息传播技术

当前的农村信息传播技术在国内市场上表现较为成熟和先进的主要有以下 3 种类型：农业多媒体制作技术和声像技术、计算机和通讯技术以及"软技术"——信息咨询技术。

一、农业多媒体制作技术和声像技术

将"三农"领域的科技信息压缩到光盘或其他传播载体上，使农民能在电视或电脑上看到生动形象、声图并茂的各种农业实用技术，在喜闻乐见中增长知识和能力。此技术不仅扩大了传播量，还加快了传播速度；同时，多媒体技术在农业管理领域中也有比较广泛的应用。

二、计算机和通讯技术

随着互联网的发明和盛行，农村信息传播途径从原来的广播、电视、科普小报、农村技术员的指导与讲座发展到今天的网络传播途径。网络传播依靠计算机和通讯技术，随着 IT 行业的介入与迅猛发展，我国信息网络建设发展迅速。但是，总体来说，为农村基层提供的信息服务还比较单一，技术含量不是很

高，整体还处于初级阶段。

三、信息咨询技术

除了网络传播外，信息咨询服务也是一项很重要的农村信息传播技术。目前，我国的农业信息咨询服务，主要还是依托农业科研单位的情报部门、农业院校、图书馆去完成，市县级农业技术推广中心也开展了一些农业信息咨询服务。

第五节　河北省农业信息传播基础设施

一、电话普及率

河北省电话普及率很高。截至 2013 年 12 月底，全省电话用户数为 7 158.6万户，其中，固定电话用户数为 1 152.4万户，居全国第 8 位，固定电话中农村电话用户数为 312.3 万户；移动电话用户数为 6 006.2万户，居全国第 7 位。全省电话普及率为98.2 部/百人，接近人手一部电话。

二、互联网普及率

截至 2013 年 12 月底，河北省互联网宽带用户数为 1 031.6万户，居全国第 5 位。根据中国互联网络信息中心发布的《第33 次中国互联网络发展状况统计报告》显示，截至 2013 年 12月，中国手机网民规模达 5 亿人，增长率19%。河北省网民普及率达46.5%，首超全国平均水平。

数据显示，在中国大陆 31 个省、直辖市、自治区中网民普及率超过全国平均水平的省份达 13 个。

三、电视和广播覆盖率

截至 2010 年 12 月底，河北省广播节目综合人口覆盖率为 99.32%，其中，农村广播节目综合人口覆盖率为 99.06%；电视节目综合人口覆盖率为 99.26%，其中，农村电视节目综合人口覆盖率为 98.99%。

第五章　农业信息服务

第一节　农业信息服务体系

目前，全国所有省级农业行政主管部门均设立了信息工作的职能机构，97%的地（市）、80%的县级农业部门均设置了信息管理和服务机构，50%以上的乡镇成立了信息服务站。以中国农业信息网为龙头，延伸到省、市、县、乡的信息服务网络初具规模。各级农业部门也开始建立信息发布、服务制度，规范信息发布内容，利用网络、广播、电视、报刊、电话等多种手段，面向农民、涉农企业及全社会广泛传播农业信息。

近年来，河北省也加速建设省、市、县、乡四级信息网络，不断健全农业信息服务体系。

一、信息服务机构建设

河北省农业厅在1995年就成立了市场与经济信息处，1997年成立了厅农村经济信息工作领导小组，1998年成立了河北省农业信息网络服务中心，2000年省政府成立了由主管副省长任主任、省直14个部门负责同志为成员的河北省农业信息指导委员会。为适应农业信息化发展形势，2003年初河北省农业信息网络服务中心更名为河北省农业信息中心，负责全省农业信息网络的建设、维护、运行和管理，同时成立了全省农业信息网络工程建设领导小组，建立联席会议制度。全省11个地级市都设有市场信息科或信息中心，2/3以上的县（市）成立了信息中心，近一半的乡镇按照农业部"五个一"标准依托乡农办、农经站或农技站建立了信息服务站。

二、农村信息员队伍建设

农村信息员是解决农业信息服务"最后一公里"问题的载体，他们利用多种形式把信息传播到农民手中，成为广大农民群众增收致富的"千里眼、追风耳"。近年来，河北省采取省市两级抓提高、县乡两级抓普及的办法，分期分批对农业信息员队伍进行了培训，不断提高信息员队伍的计算机基础知识及应用水平，造就了一支具有较高素质的专业队伍。截至目前，全省拥有农业信息管理人员2 200多人，经农业部网上认定的农村信息员1万多人，信息员队伍的扩大促进了农民收入增加，受到广大农民群众的欢迎。

三、农村信息服务站建设

农村信息服务站是指由政府牵头组织、网络运营商提供网络支持、社会力量参与运营，利用计算机、互联网、局域网、电话等信息技术手段，采取有偿经营和无偿服务相结合的方式，为农民群众提供信息浏览、查询、采集、发布和沟通娱乐等信息服务的组织机构。由河北省农业厅组织，各级农业部门实施的全省农村信息服务站建设按照"五个一"标准（即：一间房屋、一部电话、一台计算机、一套放映设备、一名技术人员）建设省级农村信息服务站示范点；市、县农业部门分别参照该标准建设市级、县级农村信息服务站点，目前全省建设有各级农村信息服务站1.5万多个，为全省农民群众提供政策信息、科技信息、农产品价格和供求信息、农资供应信息、文化教育等各种信息。

四、农民专业合作社建设

截至 2013 年 6 月底，河北省在工商部门注册的农民专业合作社达到 45 368 家，出资总额达到 905.73 亿元，实有成员 398.6 万户，覆盖全省 92% 的行政村，约 25.7% 的农户，涵盖种植、畜牧、林业、渔业等各个行业，已经成为河北省重要的新型农业经营主体。全省农民专业合作社拥有自主注册商标 3 982 个，取得无公害、绿色、有机等质量认证 3 368 个。

农民专业合作社有效解决了分散经营的农户缺信息、缺管理，难以实现农业区域化、专业化和标准化生产，难以与大市场对接等问题的同时，提高了广大农民的组织化程度，加快了现代农业建设步伐，推动了区域特色产业的规模化，为农业形成大产业、进入大市场、获得大效益创造了条件。不少地方由于专业合作社不断发展，形成了"一村一品、一乡一品"的产业格局，带动了当地主导产业，促进了农村经济的发展。通过农民专业合作社的带动，许多地方还形成了"建一个组织、兴一个产业、活一方经济、富一批农民"的可喜局面。

第二节　农业信息服务模式

近年来，河北省各级农业部门积极寻求多种方式为农民群众服务，加快信息进村入户步伐。目前，在河北省形成一定规模，且受到农民群众欢迎的服务模式均依托信息网络，充分利用电脑、电视、电话和信息机等各类传播媒体，主要服务模式有：农业网站、三电合一、农业短信、手机 – 大喇叭、机顶盒、专家在线、"12316 三农热线"和专家邮箱 8 种服务模式。

一、农业网站服务模式

指通过整合涉农信息资源，多渠道采集涉农信息，建立各类农业数据库或栏目，开发农业应用系统，形成权威的各级农业门户网站。围绕各地主导产业和特色产业，形成农业行业网站和特色网站，通过国际互联网为广大农民群众特别是种植养殖大户、龙头企业、农产品市场以及中介组织提供涉农信息查询和信息发布等在线服务。藁城市农业局通过农业信息网对筛选出的20多个农业新品种在全市进行示范推广，逐步成为当家品种；在网上设立"供求热线"专栏，在线发布蔬菜上市公告及价格信息，吸引了北京、天津、黑龙江、吉林、山东等地客商前来收购；与优质小麦协会合作建立了"藁城市优质专用小麦网"，发布当地优质专用小麦品种及种植信息，通过互联网与天津大成、山东民天、廊坊廊雪等国内大型面粉加工企业建立了购销联系，实现了订单生产。

二、三电合一服务模式

指通过对当地农业信息资源的有效整合，建立和完善农业综合数据中心、农业电视节目制作中心、智能语音电话咨询服务中心、农业科技服务厅，形成以电视、电话和电脑3种主要信息服务方式为主体，其他服务方式补充配合，各种服务方式相互支撑、一体联动的农业信息综合服务系统，及时为农民提供科技、市场、信息和物资等全方位服务，实现农业信息服务在农村的全覆盖，让农民搭上现代化信息快车。该服务模式2002年由藁城市农业局首次提出并组织实施成功，2004年农业部在河北省召开现场会，参观藁城市三电合一服务模式，向全国推广。

三、农业短信服务模式

指利用电信运营商手机短信平台发布涉农信息。农业部门与电信运营商合作，共同搭建农业手机短信发布平台，组织农业专家，根据农民各类需求有针对性的开发农业信息资源，建立数据库，及时整理并发布农业短信，实现农民随时随地获取农业信息服务。

四、手机－大喇叭服务模式

指通过手机利用农村信息机接通农村广播向农民提供信息服务。农业部门与移动公司合作，组织专家编辑涉及政策、技术、价格等各方面农业手机短信，利用农村信息机实现手机短信群发。同时，可与农村广播系统相连，实现气象灾害、动植物病虫害等各种应急或灾害信息的快速传播。

五、机顶盒服务模式

指利用机顶盒技术，基于宽带 IP 网络、以普通电视为显示设备的视频点播服务系统。该模式可实现农民足不出户便可利用机顶盒通过电视登录互联网，自主点播涉农政策、技术、市场等不同的文字、图片和视频信息。

六、专家在线服务模式

指可容纳多人同时在线，实现农业专家与农民面对面交流的视频交流平台。省级开发全省统一的"农民－专家网上面对面"农业专家在线交流平台，市、县建立虚拟诊室，组织专家坐诊解答农民提问。农民可通过信息进村服务站或视频终端，进入不同的行业诊室向专家咨询问题。同时，系统平台建立关联数据库，整合农业手机专家、三农热线专家、网站专家数据库等专家资源，形成"多方式"的在线服务，解决农民急需的农业生产技术、市场行情动态预测、涉农政策咨询等热点问题；实现省内专家与专家、农民与专家、农民与农民互动交流、视频会议与远程技术培训。

七、"12316 三农热线"服务模式

指为农民提供涉农信息咨询和农资打假、农产品质量安全投诉举报的全国统一平台。农业部门组织农业专家建立涉农信息咨询数据库和农资打假、农产品质量安全投诉举报受理平台，农民可通过电话进入该平台免费咨询涉农政策、技术、价格行情等信息，同时还可通过该平台进行农资打假、农产品质量安全投诉举报，维护个人和企业权益。

八、专家邮箱服务模式

为省内各涉农部门专家提供专用邮箱，同时分行业向社会公布，农民可以有针对性的向农业专家咨询问题，同时建立专家解答问题数据库，结合网站和手机短信建设，实现专家与农民的互动交流。

第六章　计算机办公自动化

第一节　办公自动化概述

信息技术的出现推动了整个社会的信息化发展进程，改变了传统的办公模式，计算机、打印机、复印机等办公设备已经成为现代办公的必备工具，使得办公自动化的程度越来越高。随着计算机设备在农村地区的普及，这就需要农村信息员也要掌握办公自动化相应的操作技能，才能赶上信息化发展潮流，有效提高工作效率。

众所周知，传统的办公模式以纸作为传输媒介，进行信息传递、存储。随着计算机、网络等信息技术的飞速发展，传统办公模式已经不能满足高效率、快节奏的现代工作的需要，办公模式已经转变为以计算机为工具、以磁盘和光盘为存储介质的办公自动化模式。

一、什么是办公自动化

办公自动化（Office Automation，OA）是利用计算机网络进行日常工作的一种现代化办公方式，是当前信息化技术的一个非常活跃和具有很强生命力的技术应用，是信息化社会的产物。通过办公自动化系统，组织机构内部的人员可以跨越时间、地点协同工作。它是涉及文秘、行政管理、使用计算机、网络通讯、自动化等技术的一门新型综合性学科。通过办公自动化系统所实施的交换式网络应用，使信息的传递更加快捷，从而极大地扩展了办公手段，实现办公的高效率。办公自动化系统融入、机器、信息资源三者为一体，将包括文字、数据、语言、图像等在内的办公信息实现一体处理，能够优质、高效地处理办公信息和事务，提高了办公效率和质量。办公自动化作为信息化社会重要的标志之一，它将许多独立的办公职能整合成完整体系，便于人们产生更高价值的信息，使办公活动智能化提高了办公效率，获得了更大的经济及社会效益。

二、办公自动化的演变过程

1972 年，王安公司推出了 2200 文字处理系统，办公自动化发展到一个崭新的阶段。1985 年 3 月，Intel 公司先后推出 386、486、586（即奔腾 Pentium）微处理器，速度和性能不断提高，提升了办公自动化硬件环境。

1981 年 IBM 将微软开发的 MS-DOS 操作系统用于其个人计算机上，推动了个人计算机的发展。1985 年微软开发了 Windows 操作系统，后来又逐步衍生出 Windows 95、Windows 98、Windows XP 等系列软件。在这些操作平台的基础上，Lotus 公司首先推出了著名的表格处理软件 Lotus 1-2-3，微软推出了 Office 系列办公软件，国内金山公司推出了 WPS Office 软件，为办公自动化提供了文字处理、电子表格、数据库、简报和幻灯片制作等功能，为办公自动化创造了非常有利的软件环境。

三、我国办公自动化系统的发展

我国办公自动化工作开始于 20 世纪 80 年代初，大致可以分为 3 个阶段：

（一）起步阶段

1985 年，国务院电子振兴领导小组成立了办公自动化专业领导小组，拟定了中国办公自动化的发展规划，确定了有关政策，为全国 OA 系统的初创与发展奠定了基础。

（二）发展阶段

国务院及其所属各部委及各省级人民政府在国内率先推进 OA 工作，对 OA 系统在全国普及起到了促进作用。1987 年 10 月，上海市政府办公信息自动化管理系统（SOIS）通过鉴定并取得了良好的效果，在全国具有一定的示范性。

（三）成熟阶段

我国 20 世纪 90 年代的 OA 系统呈现出网络化、综合化的趋势。国家投资建设的经济、科技、银行、铁路、交通、气象、邮电、电力、能源、军事、公安及国家高层领导机关 12 类大型信息管理系统，体系较为完整，具有相当的规模。各企业、各部门自行开发的或者是一些软件公司推出的商品化的 OA 软件。

（四）办公自动化的发展趋势

随着计算机网络、通信技术、多媒体技术的发展和广泛应用，Internet 深入社会的各个角落，对办公自动化发展提供了良好契机。使办公自动化向着小型化、集成化、网络化、智能化、多媒体化方向发展，主要实现文字处理、电子表格、数据库管理、电子日程管理、电子邮政、电子排版、远程办公等功能，为管理决策提供信息支持。

第二节　计算机系统基础知识

自 1946 年冯·诺依曼发明电子计算机以来，计算机硬件系统结构、软件系统都取得巨大发展。现代计算机小到平板电脑、笔记本和台式计算机，大到服务器、小型机甚至巨型计算机及其网络，已广泛用于科学计算、事务处理和过程控制，日益深入社会各个领域，对社会的进步产生深刻影响。

一、计算机发展历程

根据计算机所采用的物理器件不同，可分为 4 个阶段。

第一代：电子管计算机，开始于 1946 年，结构上以 CPU 为中心，使用机器语言，速度慢、存储量小，主要用于数值计算。

第二代：晶体管计算机，开始于 1958 年，结构上以存储器为中心，使用高级语言应用范围扩大到数据处理和工业控制。

第三代：中小规模集成电路计算机，开始于 1964 年，结构上仍以存储器为中心，增加了多种外部设备，软件得到一定发展，计算机处理图像、文字和资料功能加强。

第四代：大、超大规模集成电路计算机，开始于 1971 年，应用更加广泛，出现了微型计算机、笔记本及平板电脑，计算机正在向微型化和巨型化、多媒体化和网络化方向发展。

二、计算机系统组成

计算机系统是由硬件系统和软件系统所组成的。

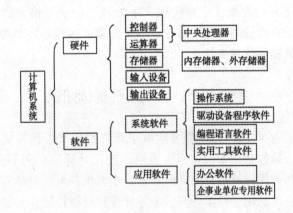

（一）计算机的硬件系统

硬件系统由输入设备、输出设备、存储器、运算器和控制器组成。

中央处理器：又称 CPU，它包括运算器和控制器。是计算机的核心部分，运算速度是它的主要性能指标。运算器：可以进行算术运算和逻辑运算；控制器：是计算机的指挥系统，它的操作过程是取指令—分析指令，循环执行。

输入设备：常见有键盘、鼠标、扫描仪等。

输出设备：常见有显示器、打印机等。

存储器：具有记忆功能的物理器件，用于存储信息。分为内存和外存。内存：是半导体存储器，分为只读存储器（ROM）和随机存储器（RAM）。ROM 只可读出，不能写入，断电后内容还在；RAM 可随意写入读出，但断电后内容不存在。外存：磁性存储器（硬盘）；光电存储器（光盘），可以作为永久性存储器。存储器的两个重要指标：存取速度和存储容量。存储容量是存储的信息量，它用字节（Byte）作为基本单位，1 个字节用 8 位二进制数表示，1KB = 1 024B，1MB = 1 024KB，1GB = 1 024MB。

（二）计算机的软件系统

计算机软件系统分为系统软件和应用软件两大类。

系统软件：为了使用和管理计算机的软件；主要操作系统软件有 Windows 95/98/2000/NT，DOS，UCDOS，MS-DOS，Unix，OS/2，Linux 等。其中，Windows 是多任务可视化图形界面，DOS 是字符命令形式的单任务操作系统。

应用软件：为了某个应用目的而编写的软件，主要有辅助教学软件、辅助设计软件、文字处理软件、工具软件以及其他的应用软件。

第三节　操作系统基本操作

　　计算机启动后，进入 Windows 7 操作系统桌面，它和 Windows XP 大同小异，在原有基础上进行了优化，桌面如下：

　　下面，来介绍一下操作系统的基本应用。

一、打开应用程序

　　点击桌面左下角开始按钮 ，点击"所有程序"，弹出开始菜单，如下图：

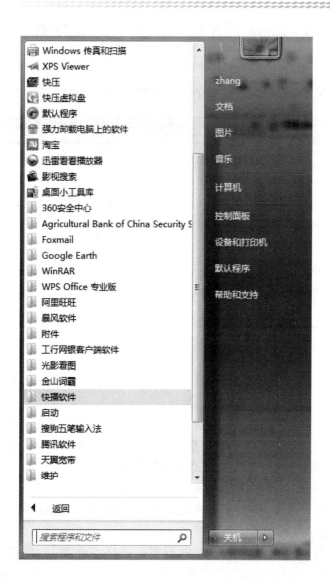

如需打开软件，单击相应图标。

也可双击桌面上软件图标或单击任务栏，打开软件。

二、文件夹和文件

计算机系统的数据都存储在文件中，文件存储在文件夹中。

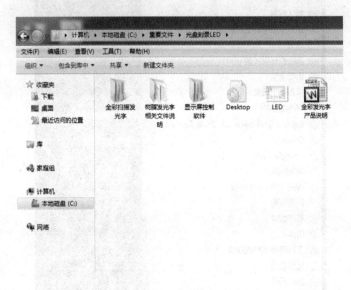

上图中图标为 的是文件夹，其他为文件，Windows 操作系统中，常用文件主要包括：doc、rar、zip、jpg、exe、ppt、txt 等。下边介绍一下文件/文件夹的基本操作。

（一）打开文件/文件夹

除了系统文件，其他多数文件可以通过双击图标打开。

（二）创建文件/文件夹

在文件夹内或桌面上点右键，再点"新建"，弹出菜单如下：

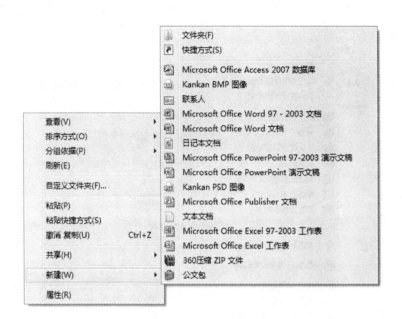

　　单击要生成的文件夹或文件类型，就会生成一个空白文件夹或文件，在生成的图标下文本框内写上文件名称，鼠标左键点击空白处，创建文件/文件夹完成。

（三）删除文件/文件夹

　　在要删除的文件或文件夹图标上单击右键，弹出菜单：

　　单击"删除"，弹出对话框：

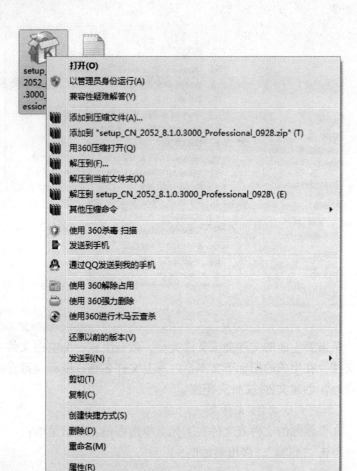

单击"是"按钮，确认删除。

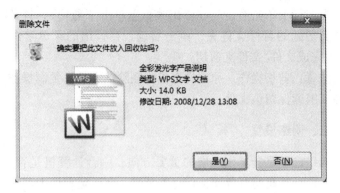

（四）复制文件/文件夹

在图标上单击右键，在弹出菜单上单击"复制"，打开将该文件复制到的目标文件夹，单击右键，右弹出的菜单单击"粘贴"，完成文件/文件夹复制。

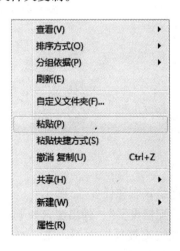

（五）剪切文件/文件夹

在图标上单击右键，在弹出菜单上单击"剪切"，打开将该文件剪切到的目标文件夹，单击右键，在弹出的菜单单击"粘贴"，完成文件/文件夹剪切。

注意：剪切操作，原文件夹里将删除该文件，复制操作，原文件夹继续保留该文件。

三、网络设置

网络已经是计算机发展的重要方向，一台计算机是否联网，决定了该计算机与外界交换信息的范围，在一定程度上限制该计算机的应用。

设置网络地址。单击"开始"菜单"控制面板"，弹出以下控制面板窗口：

单击"查看网络状态和任务"，弹出：

点击"更改适配器设置"，弹出窗口如下：

现以通过双绞线连接局网为例，在"本地连接"图标上点右键，单击"属性"弹出：

选中"Internet 协议版本 4（TCP/IPv4）"，单击"属性"，

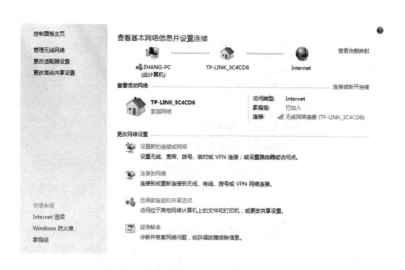

弹出：

在这个窗口配置计算机网络参数。如果计算机 IP 地址为自动获取方式，则在窗口中分别选择"自动获得 IP 地址"和"自动获得 DNS 服务器地址"，如果采用固定 IP 地址方式，则选取"使用下面的 IP 地址"和"使用下面的 DNS 服务器地址"，并在地址栏里填上分配的地址。

设置完毕，点击"确定"，依次关闭各窗口，地址设置完成，计算机就可以联网工作了。

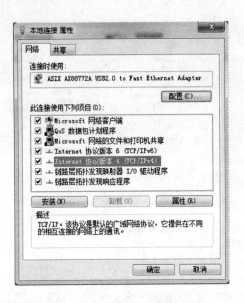

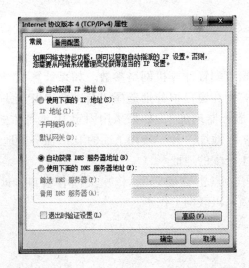

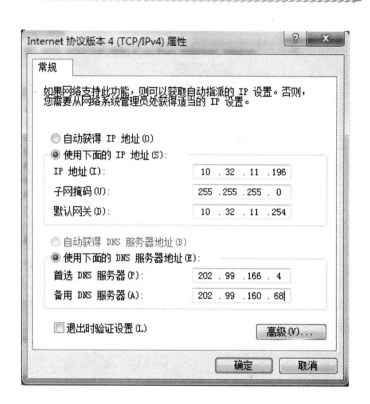

四、其他设置

（一）调整分辨率

在桌面单击鼠标右键，在弹出菜单中单击"**屏幕分辨率**"，弹出：

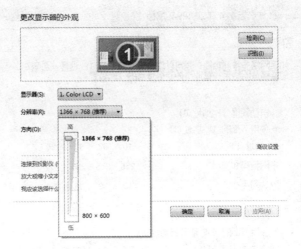

单击"分辨率",弹出分辨率选择菜单,根据需要选择合适的分辨率。

（二）连接到投影仪

如果用的是笔记本,可以外接投影仪,进行扩展显示。打开"控制面板"窗口,单击"连接到投影仪",在弹出窗口中选择"复制",可将笔记本显示内容同时输出到投影仪。

（三）设置时间/日期

打开"控制面板"窗口,单击"时钟、语言和区域",弹出:

单击"设置时间和日期"。

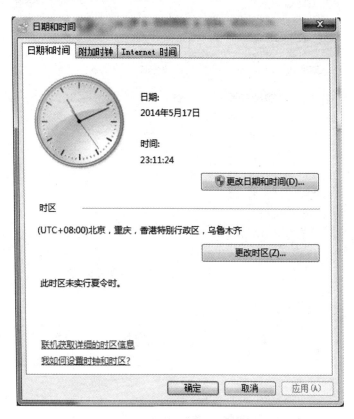

单击"更改日期和时间"。

分别在"日期"和"时间"栏设置当前日期和时间。

（四）切换输入法

单击任务栏中的键盘图标，弹出输入法切换图标：

单击选取需要切换的输入法。

	中文(简体) - 美式键盘
	中文 (简体) - 五笔加加
S	中文(简体) - 搜狗五笔输入法
	中文(简体) - 微软拼音新体验输入风格

五、搜索

单击"开始"菜单，在"搜索程序和文件"对话框中输入要搜索文件的关键词，比如"农业信息"，显示结果如下：

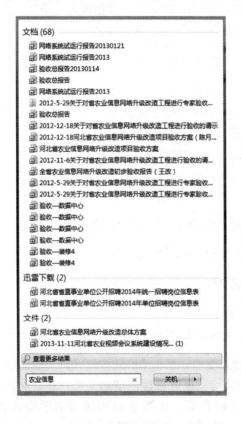

单击"查看更多结果"，会显示所有搜索结果。

第四节　文档编辑与排版

文档编辑和排版最常用的软件是 Office 和 WPS 软件，下面就以 Office 2007 为例，介绍一下文档编辑与排版。文档编辑排版主要利用 Office 2007 软件中的 Word。

一、Word 的启动与退出

（一）Word 启动方式
①通过开始菜单快捷方式启动。
②通过桌面快捷方式启动。
③单击现有 word 文档启动。
（二）Word 退出方式
①单击右上角按钮 ███ X ███。
②单击左上角 Office 按钮 ，点击"退出 Word"。
③双击左上角 Office 按钮 。

二、新建文件

（一）创建新文档
启动 Word2007 后系统会自动创建一个空白文档，也可通过以下方式创建新文档：单击 Office 按钮 ，然后选择新建命令；按 Ctrl + N 组合键，也可直接创建新文档；在桌面或文件夹内空白区域单击鼠标右键，从弹出的快捷键菜单中选择"新建"，"Word 文档"，即可在当前位置新建 Word 文档。
（二）保存文档
创建了文档后，可以在新创建的文档中新建中进行文字、数字、图形等输入、文本输入后，如需要保存，点击保存按钮 ，也可用组合键 Ctrl + S 进行保存。

三、操作文本

（一）选择文本

选定文本内容是一切编辑排版工作的基础，选择文本有以下几种方法：用鼠标选取，即将标置于要选择文本的开始位置，按住鼠标左键拖动鼠标光标到要选择文本的结束位置，然后松；或者先在要选择文本开始位置点鼠标左键，按住 shift 键，在要选择文本的结束位置单击左键，完成文本选择。

（二）删除文本

选定要删除的文本，按下键盘 Backspace 键或 Delete 键，就可以删除文本。

（三）复制文本

先选定要复制的文本内容，使用点开始选项卡中"复制"按钮或右键快捷菜单中的"复制"命令对文字进行复制，然后在要粘贴义本的地方点右键，选择快捷菜单中的"粘贴"命令，即可完成复制。

（四）查找文本

在指定文档中查找有关内容，单击开始选项卡中的查找按钮，弹出对话框：

在"查找内容"文本框内输出要查找的文本内容，点击"查找下一处"按钮，就会将离光标最近的查找内容选中，再点击"查找下一处"，继续向后查找搜索。

（五）替换文本

单击开始选项卡中的替换按钮，弹出对话框：

在"查找内容"文本框内输出要被替换的文本内容，在"替换为"文本框中输入替换后的文本，单击"替换"按钮，只替换单个的文本，单击"全部替换"可完成整个文档中的内容替换；如果进行选择性文本替换，可以单击"查找下一处"按钮，然后对比上下文，需要替换的则单击"替换"按钮。

（六）撤销和恢复

Word 提供了撤销和恢复功能，所以当出现了误操作时，可以利用 Word 2007 的撤销恢复功能回到误操作前的状态。

当对文档内容进行删除、修复、复制和替换等操作出现错误时，此时可以单击快速访问工具栏中的撤销按钮 ，取消上一次所做的操作。如果要撤销多次操作，可以单击快速访问工具栏上的撤销按钮 右边的下拉箭头，打开下拉列表框，选择要撤销的操作。恢复和撤销是相对的，用于恢复被撤销的操作，具体操作是单击快速访问工具栏中的恢复按钮 。

四、文字排版

（一）设置段落对齐方式

Word 中利用段落相关命令进行段落对齐操作，在 Word 中常用的段落对其方式有 5 种，分别是左对齐、居中对其、右对齐，两端对齐和分散对齐。选中要设置对齐方式的段落，再选择需要的对齐方式，比如单击"左对齐"，就点按钮，若要选择其他对齐方式，点击相应按钮。

（二）设置行间距

行距就是行与行的距离，选中要设置段落，单击段落组的对话框启动器按钮，打开段落对话框，如下图：

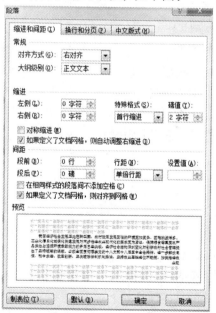

单击"行距"下拉列表框中的下拉箭头，选择"单倍行

距"，单击"确定"按钮，就可以改变选定段落的行距。在对话窗口中，还可以对首行缩进、段间距、左右缩进行设置。

（三）插入表格

点击"插入"选项框中表格按钮▓，在弹出的下拉菜单中通过拖动鼠标选定要插入表格的行数和列数，单击鼠标左键完成表格插入。

也可以单击下拉菜单中的"插入表格"命令，在弹出的对话框中设置要插入表格的列、行后单击"确定"按钮，完成表格插入，如下图所示。

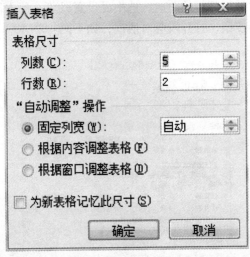

（四）插入图片

为了图文并茂表达文档内容，有时候需要插入一些图片。在文档中插入图片的具体操作如下：

将光标置于要插入图片的位置，选择"插入"选项卡中的图片按钮▓，打开"插入图片"对话框，在对话框中选择要插入的图片，单击"插入"按钮，完成图片插入。

插入图片后，还可对图片的大小、位置等属性进行设置。

（五）插入时间和日期

选择"插入"选项卡中的时间和日期按钮，弹出对话框：

选择要插入的时间格式，点击"确定"按钮，完成时间和日期插入。

第七章　计算机网络应用基础

第一节　计算机网络概述

计算机网络是计算机技术与通讯技术相结合的产物，它实现了远程通讯、远程信息处理和资源共享等功能。自 20 世纪 60 年代产生以来，经过半个世纪特别是最近十多年的迅猛发展，它越来越多地被应用到政治、经济、军事、生产、教育、科学技术及日常生活等各个领域。

一、计算机网络的定义

计算机网络就是利用通讯线路将具有独立功能的计算机连接起来而形成的计算机集合体，计算机之间借助于通讯线路和相应的网络软件来传递信息，共享数据、软硬件等资源。它由传输介质、通讯协议、网络硬件设备、网络管理软件构成。

二、计算机网络的发展

纵观计算机网络的发展，大致经历了 4 个阶段：计算机终端网络、计算机通讯网络、以共享资源为主的标准化网络、网络互联和高速计算机网络。

三、计算机网络的主要功能

计算机网络主要有以下几个功能：

（一）资源共享

资源共享是计算机网络最重要的功能，共享内容包括：软件资源共享、硬件资源共享和信息资源共享等。

（二）数据通讯

通讯和数据传输是计算机网络主要功能之一，用来在计算机系统之间传送各种信息。通过数通讯，将地理位置分散的各部门连接在一起，可以通过计算机网络传送电子邮件，发布新闻消息和进行电子数据交换，极大地提高了工作效率。

（三）提高可靠性

单机系统因软硬件故障风险，随时面临着系统崩溃、数据丢失等风险，在计算机网络中，软件、硬件和信息资源通过共享和异地存放，从更大程度上避免了单点失效对用户产生的影响，大大提高了系统的可靠性。

（四）增强系统处理功能

单机系统的处理能力毕竟是有限的，并且各单机之间的忙闲程度是不均匀的。联网的多台计算机可以通过协同操作和并行处理来增强整个系统的处理能力，并使网内各计算机负载均衡。当网络中某台计算机任务过重时，可将任务分派给其他空闲的多台计算机，使多台计算机相互协作、均衡负载、共同完成任务。

第二节　初探因特网

国际互联网（Internetwork，Internet），始于 1969 年的美国，又称因特网，是全球性的网络，是由一些使用公用语言互相通信的计算机连接而成的网络，即广域网、局域网及单机按照一定的通讯协议组成的国际计算机网络。

由于最开始互联网是由政府部门投资建设的，所以，它最初只是限于研究部门、学校和政府部门使用。除了以直接服务于研究部门和学校的商业应用之外，其他的商业行为是不允许的。20世纪 90 年代初，当独立的商业网络开始发展起来，这种局面才被打破。这使得从一个商业站点发送信息到另一个商业站点而不经过政府资助的网络中枢成为可能。

互联网在现实生活中应用很广泛。在互联网上可以聊天、玩游戏、查阅东西等。更为重要的是在互联网上还可以进行广告宣传和购物。互联网给现实生活带来很大的方便，网民在互联网上可以在数字知识库里寻找自己学业、事业上的所需，从而更好的工作与学习。

互联网具有以下优点：互联网能够不受空间限制来进行信息交换；信息交换具有时域性；交换信息具有互动性；信息交换的使用成本低；信息交换趋向于个性化发展；使用者众多；有价值的信息被资源整合，信息储存量大；信息交换能以多种形式存在（视频、图片、文章等）。

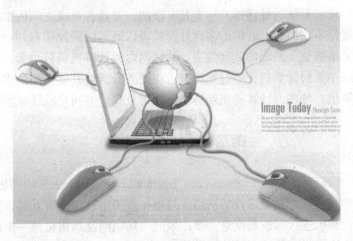

互联网是全球性的。这就意味着这个网络不管是谁发明了它，它都是属于全人类的。这种"全球性"并不是一个空洞的

政治口号，而是有其技术保证的。互联网的结构是按照"包交换"的方式连接的分布式网络。因此，在技术的层面上，互联网绝对不存在中央控制的问题。也就是说，不可能存在某一个国家或者某一个利益集团通过某种技术手段来控制互联网的问题。反过来，也无法把互联网封闭在一个国家之内，除非建立的不是互联网。与此同时，这样一个全球性的网络，必须要有某种方式来确定联入其中的每一台主机。在互联网上绝对不能出现类似两个人同名的现象。这样，就要有一个固定的机构来为每一台主机确定名字，由此确定这台主机在互联网上的"地址"。然而，这仅仅是"命名权"，这种确定地址的权力并不意味着控制的权力。负责命名的机构除了命名之外，并不能做更多的事情。

　　同样，这个全球性的网络也需要有一个机构来制定所有主机都必须遵守的交往规则（协议），否则就不可能建立起全球所有不同的电脑、不同的操作系统都能够通用的互联网。下一代TCP/IP协议将对网络上的信息等级进行分类，以加快传输速度（比如，优先传送浏览信息，而不是电子邮件信息），就是这种机构提供的服务的例证。同样，这种制定共同遵守的"协议"的权力，也不意味着控制的权力。毫无疑问，互联网的所有这些技术特征都说明对于互联网的管理完全与"服务"有关，而与"控制"无关。

　　事实上，互联网还远远不是我们经常说到的"信息高速公路"。这不仅因互联网的传输速度不够，更重要的是互联网还没有定型，还一直在发展、变化。因此，任何对互联网的技术定义也只能是当下的、现时的。与此同时，在越来越多的人加入到互联网中，在使用互联网的过程中，也会不断地从社会、文化的角度对互联网的意义、价值和本质提出新的理解。

　　中国互联网已经形成规模，互联网应用走向多元化。互联网越来越深刻地改变着人们的学习、工作以及生活方式，甚至影响着整个社会进程。尤其是移动互联网的发展，使得互联网已经发展到我们每一个人身边，随时随地都可以接入互联网。

第三节　浏览网站

浏览网站是互联网网民上网最主要的事情，浏览网站的主要工具就是浏览器软件，最常用的就是 Windows 操作系统中自带的 Internet Explorer（下文简称 IE）浏览器。本节就介绍一下如何通过 IE 浏览器主要功能。

一、浏览网页

单击开始菜单或任务栏，或双击桌面上 IE 图标 ，打开 IE 浏览器，在 IE 浏览器地址栏输入要访问的网站地址，单击键盘上回车键（Enter），该网站网页就会在 IE 浏览器显示。

例如：我们要访问搜狐网，它的网址是"www. sohu. com"。我们首先要在地址栏输入"www. sohu. com"，单击键盘上回车键（Enter），即可。

点击回车键后，IE 浏览器就会载入搜狐网主页。

如果想看主页上的哪条新闻或哪个栏目，鼠标左键单击该链接，IE 浏览器会自动转到该网页。

二、收藏网站

如果我们对某个网站感兴趣，想经常访问，为了方便，可以将该网站地址收藏，例如，我们要将"www. sohu. com"网站收

藏，点击"收藏"，弹出下拉菜单，再点击"添加到收藏夹"，弹出以下对话框：

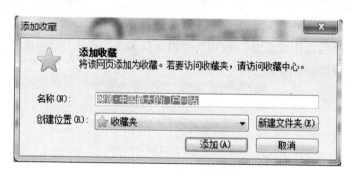

点击"添加"，搜狐网的网址就"添加"到收藏夹了，以后直接点击收藏夹里搜狐网址就能直接访问该网站主页。

三、多任务操作

经常会遇到同时访问多个网站或网页的情况，使用选项卡，可以在一个浏览窗口中打开多个网站，你可以轻松打开、关闭网站以及在网站间轻松切换。

点击"新建选项卡"按钮，可打开一个新选项卡，然后输入要访问的网址或者选择你常用或收藏的网站，就可以访问网站网页。如果打开了多个选项卡，可通过点击打开的选项卡进行切换。通过点击每个选项卡右下角的"关闭"按钮来关闭选项卡。

还可在 IE 浏览器中打开多个窗口。要打开新窗口，点击 IE 浏览器"文件"，在弹出的下拉菜单中点击"新建窗口"按钮，会打开一个新的 IE 浏览器窗口。

四、设置主页

主页就是每次打开 IE 浏览器时自动打开的网站。利用此功能，可以将访问最多的网站设为主页，可以在打开浏览器时预先加载，方便随时打开。由于网站众多，网址不容易记忆，我们一般把导航网站设为主页，方便访问其他网站。下为举例将"www. hao123. com"网站设为主页。首先打开"www. hao123. com"网站，然后点击"工具"按钮，弹出下拉菜单，点击"Internet"选项，弹出如下窗口。

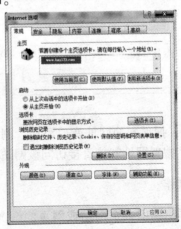

在"常规"中，点击"使用当前页"按钮，再点击"确定"按钮，就将"www. hao123. com"设为 IE 浏览器的主页，每次打开 IE 浏览器就会自动打开"www. hao123. com"，即可为我们上网进行导航。

第四节　收发电子邮件

电子邮件是互联网比较早的应用之一，目前，电子邮件也是我们日常联络工具之一，因为它方便、快捷、经济，已经逐步代替了纸质信件，成为重要的信息交流工具。

下面简要介绍一下电子邮件的收发。

一、注册电子邮箱

收发电子邮件，首先要有一个电子邮箱。目前，多数门户网站都可以申请免费邮箱，下面我们首先介绍一下电子邮箱申请，仍以搜狐网为例。在搜狐网主页上，点击电子邮箱注册链接，进入注册页面，填写用户名、密码等资料，如下图。

快速注册我的搜狐帐号

* 帐号：nongcunxinxiyuan
  帐号不可修改，用于登录、设置昵称、密码及好友

用户名：xinxiyuan
  用户名可修改，用于个人的形象展示

* 密码：ncxxy2014　　　　　　密码强度：　　　　　　　中

验证码：滴水不腐 **滴水不腐** 看不清，换一张

☑ 同意搜狐网络服务使用协议 用户注册协议

立即加入

点击"立即加入",完成用户注册,回到首页,点击"邮件",进入激活页面。

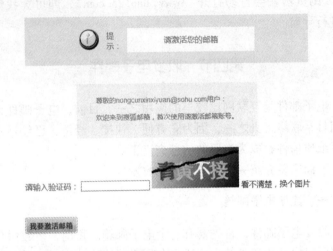

输入验证码后,激活成功。然后重新登录邮箱,就可收发邮件了。

二、收邮件

登录电子邮箱后,邮箱页面如下图,提示有一封未读邮件。

点击"未读邮件"或"收件箱",就可以打开邮件进行阅读。

三、发邮件

登录电子邮箱后,点击"写信"按钮,进入写信页面:

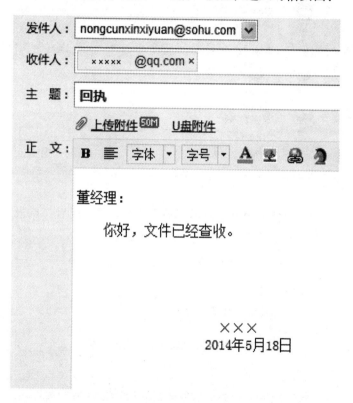

"收件人"一栏输入收件人电子邮箱地址,"主题"栏输入邮件主题,"正文"栏输入邮件正文,如需发送附件,点击"上传附件",进行附件上传。

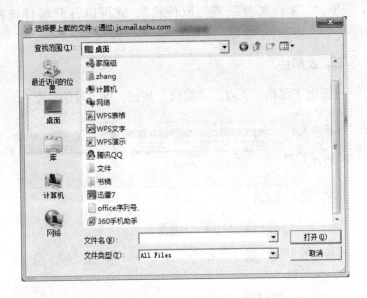

选取要上传的附件，点击"打开"，上传完成后，点击"发送"，邮件发送成功后，转入以下页面进行提示。

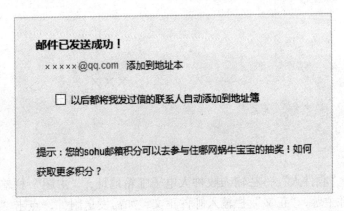

第五节 即时通讯工具

随着互联网日益普及，网民数量逐渐庞大，互联网已经深入到日常生活，逐步成为通讯的重要手段，以 QQ 为代表的即时通讯软件也发展起来，成为日常生活重要组成部分。

一、申请 QQ 号码

打开 QQ 软件。

点击注册账号，进入注册页面。
输入注册信息，点击"立即注册"，完成注册。

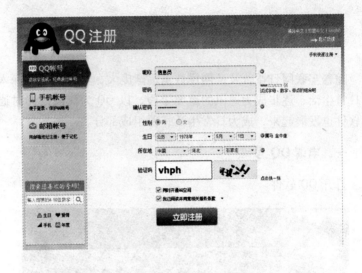

二、QQ 登录

QQ 号码申请成功后，在 QQ 登录窗口输入 QQ 号码和密码，点击"登录"按钮，进行登录。登录成功，弹出以下窗口：

三、添加好友

点击"查找"按钮，弹出以下窗口：

在关键词对话框输入好友 QQ 号码或昵称，点击"查找"图标进行查找。找到好友后，点击"添加好友"按钮，弹出以下窗口：

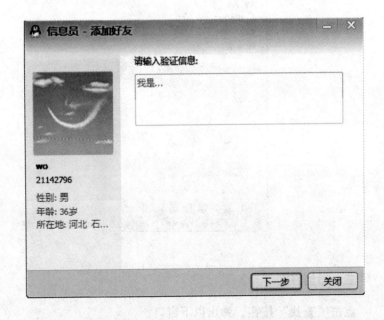

输入验证信息后，等待好友确认后，添加好友成功。

四、好友聊天

在 QQ 窗口中，双击好友头像，就可打开对话窗口，双方就可以在下边文本框内输入聊天内容，点击"发送"按钮，就可将聊天内容发送到对方 QQ 号码。

第六节　搜索与下载

随着互联网的飞速发展，互联网上的信息也呈爆炸式增长，在海量的信息面前，互联网用户必须借助工具，才能获取有用信息。这样，搜索引擎应运而生，目前，国外比较大的搜索引擎有谷歌、雅虎，国内有百度、搜狗等。下面就介绍一下如何搜索和下载信息和资料。

一、搜索

以百度为例，在 IE 浏览器地址栏里输入百度网站地址"www. baidu. com"，转到百度主页面，在搜索对话框里输入关键词，如下图：

Baidu百度

新闻　**网页**　贴吧　知道　音乐　图片　视频　地图　百科　文库　更多>>

| 信息| | 百度一下 |

点击"百度一下"按钮，将会搜索出与信息相关的网页，如下：
用户就可以在搜索结果里查看需要的信息。如果搜索结果太多，可以采用关键词关联方式，缩小搜索结果范围，进行更精准搜索，即在搜索栏里输入两个或多个关键词，中间用空格隔开，如下图：

Bai百度　新闻 网页 贴吧 知道 音乐 图片 视频 地图 文库 更多»

信息	百度一下

信息 百度百科

信息,指音讯、消息;通讯系统传输和处理的对象,泛指人类社会传播的一切内容。人通过获得、识别自然界和社会的不同信息来区别不同事物,得以认识和改造世界。在一切通讯和控制...

词语概念　基本含义

baike.baidu.com/ 2014-05-13 ▾

信息英文是什么 百度知道

3个回答 - 提问时间: 2013年02月02日

最佳答案: 信息 information 信息处理 information processing; message processing; 信息技术 information technology; 信息时代information age; 信息网络 information...

zhidao.baidu.com/link.. 2013-02-02 ▾ - 百度快照 - 评价

中国信息产业网

中国信息产业网(CNII)由工业和信息化部主管,人民邮电报社主办,是我国通信行业唯一拥有国务院新闻办授予新闻发布权的新闻网站。中国信息产业网定位为"中国通信与信息...

www.cnii.com.cn/ 2014-05-02 ▾ V₁ - 百度快照 - 评价

信息技术 百度百科

信息技术:用于管理和处理信息所采用各种技术总称信息技术-黑龙江省信息技术学会主办中文期刊...

baike.baidu.com/link?.. 2014-03-28 ▾ V₃ - 百度快照 - 评价

Bai百度　新闻 网页 贴吧 知道 音乐 图片 视频 地图 文库 更多»

农业 信息	百度一下

中国农业信息网

全国农产品批发市场价格信息网 一站通 商机服务 中国农业网上展厅 中国农产品促销平台 中国国际农产品交易会 全国农产品促销系列活动 中国名优特农产品 农科讲堂...

www.agri.gov.cn/ 2014-05-01 ▾ V₃ - 百度快照 - 评价

山东农业信息网

蔬菜价格4月30日监测信息 蔬菜价格4月29日监测信息 蔬菜价格4月28日监测信息... 省农业厅建设项目举报电话:0531-82352833 省减轻农民负担举报电话: 0531-..

www.sdny.gov.cn/ 2014-04-30 ▾ V₃ - 百度快照 - 评价

农业信息 百度百科

农业信息不仅泛指农业及农业相关领域的信息集合,在信息技术得到广泛应用的今天,更特指农业信息的整理、采集、传播等农业信息化进程。我国农村按地理位置、人文和自然环境等系...

国内和国外农业信息... 今后发展方向 更多>>

baike.baidu.com/ 2014-04-10 ▾

除了搜索网页外，百度还可通过关键词搜索新闻、音乐、图片、视频、文档等，使搜索更有针对性，搜索结果更符合要求。

二、下载

通过百度等搜索引擎搜索到的信息有时候是压缩文件，比如软件、图片或视频的压缩包，这就需要下载下来才能观看或使用。如果文件较小，就可以直接在下载文件的链接上直接点击右键，弹出菜单：

点击"目标另存为"，弹出对话框：

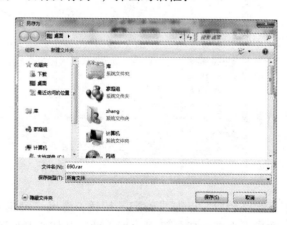

选择好保存文件夹和文件名后，点击"保存"，即可下载。

如果要下载的文件较大，就需要用具有断点续传的下载软件，比较常用的有迅雷、QQ旋风下载，下面以迅雷为例介绍一下利用软件下载文件。

在文件下载链接地址上点右键，在弹出菜单上点击"使用迅雷下载"，弹出对话框：

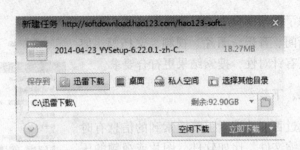

如果需对下载目录进行更改，点击图标█，弹出"浏览文件夹"对话框：

选定下载路径后，点击"确定"按钮，退出"浏览文件夹"对话框，然后点击新建任务里"立即下载"按钮，开始下载。

第八章　农产品电子商务

第一节　农产品电子商务概述

一、农产品电子商务的概念

电子商务是指通过电信网络进行的生产、营销和流通活动，它包括通过网络实现从原材料查询、采购、产品展示、订购到出口、贮运以及电子支付等一系列的贸易活动。它有 3 个基本要素：首先，以因特网为主要业务平台，各种现代信息技术为支撑；其次，以电子信息的传输来实现各种商务信息的传递；第三，包括各种行业、部门和组织以及各种形式商务活动的管理和运行。它消除了传统商务活动的时空障碍，使买卖双方直接在网上洽谈，减少了流通环节，大大降低了相关宣传等费用。

农产品电子商务是指将电子商务等现代信息技术和商务手段引入现行的农产品生产、经营中，以保证农产品信息收集与处理的有效畅通，通过农产品物流、电子商务系统的动态策略联盟，建立起适合网络经济的高效能的农产品营销体系统。农产品电子商务包括农业生产管理、农产品网络营销、电子支付、物流管理以及客户关系管理等。

我国是一个农业大国，20 世纪末以来，我国主要农产品相继出现流通不畅、价格下跌的情况，农产品的"卖难"问题日益突出。随着因特网的日益普及和电子商务的快速发展，尤其是电子商务减少流通环节、降低流通成本的特点，农产品的电子商务日益受到人们的关注。

近年来，在国家和各地各级农业部门的引导下，涉农电子商务得到了一定程度的发展。有数据显示，目前，全国涉农网站已超过 3 万家。但是，我国农产品电子商务领域还刚刚起步，商务模式、体制等仍不完善，因此，我国的农产品电子商务在现阶段不可能实现全部取代传统的商务模式，我国的农产品电子商务发展必然是一个渐进的过程。

二、农产品电子商务的特点

电子商务主要有虚拟化、低成本、高效率、方便快捷等特点。而从我国农产品电子商务的实际情况来看，当前，农产品电子商务发展呈现低级、中级、高级 3 个层次，主要表现如下：

一是初级层次。主要是为农产品交易提供网络信息服务。如一些企业建立的农产品网上黄页，在网络平台上发布企业信息和产品信息。大型农业集团建立的超大现代农业网。小企业或是个体农户则依托各类农产品信息网发布信息。目前，我国大多数农产品电子商务都处于初级层次，尤其是中小企业和个体农户都依托一些大型网站发布产品信息。

二是中级层次。一些网站不仅提供农产品的供求信息，还提供委托买卖等在线交易形式，交易会员可以直接在网上洽谈，但尚未实现交易资金的网上支付。目前，我国有部分农产品电子商务处于这一层次。

三是高级层次。高级层次的农产品电子商务不仅实现了农产品电子商情的网上发布和农产品在线交易，还实现了交易资金的网上支付，是完全意义上的电子商务。目前，我国只有少数农产品电子商务处于这一层次。

三、农产品电子商务的作用

（一）减少农产品流通环节

传统意义上的农产品流通主要是依靠中介组织凭借其发达的信息网络和购销网络，将规模小、经营分散、自销能力弱的生产农户组织起来进入市场，或是直接将分散的农户生产的农产品收购起来进入市场销售。农产品生产个体农户由于信息来源不畅，自身缺乏销售能力，而且抵御市场风险能力不强，很容易造成农产品销售价格低或滞销积压。而农产品电子商务的出现使传统的农产品市场流通减少了中介组织环节，动摇了传统中介组织的存在基础。通过农产品电子商务平台，农产品生产者能够直接和消费者进行交流，迅速了解市场信息，自主进行交易。农产品生产者尤其是个体农户获取信息能力、产品自销能力和风险抵抗能力大大加强，对传统中介组织的依赖性大大降低。

（二）降低农产品流通成本

农产品流通通过电子商务减少了农产品流通环节，缩短了交易时间，这不仅能降低农产品流通中的运输保鲜成本和时间成本，也能节约交易中介的运营费用及抽取的利润。另外，通过农产品电子商务平台，农产品生产者能直接、迅速、准确地了解市场需求，生产出适销、适量的农产品，避免因农产品过剩而导致超额的运输、贮藏、加工和损耗成本。再者，以电子商务平台代替传统中介组织能节约包括信息搜寻成本、摊位费、产品陈列费、询价议价成本等在内的交易成本和因信息不通畅而带来的风险成本。

（三）健全农产品市场机制和功能

一是有利于健全农产品市场价格机制。电子商务可以打破信息闭塞、市场割据的局面，构建规模大、信息流畅、透明度高、竞争充分的全国农产品统一市场，建立反应灵敏、健全有效的公平价格形成机制。

二是有利于改进市场交易方式。高成本、低效率的对手交易已经难以适应农产品流通发展的要求，市场亟需更先进、高效的交易方式，如拍卖交易等。农产品电子商务的信息畅通、透明、规范的交易流程、科学的交易方式能够减少传统交易中存在的交易不规范的顽疾；使参与者能得到比较全面的相关交易信息，在一定程度上消除信息不对称性；另外，虚拟拍卖市场能提供更多的自动化服务，既提高了交易效率，又减少了人为因素的干扰，保证了市场的公开、公正和公平。

三是有利于完善市场的信息服务功能。我国已建立和开发了许多农业信息服务系统，主要从各农产品市场中获取最新的信息，进行筛选、加工、处理。另外，电子商务网站还能提供各类信息增值服务，满足用户的多样化需求等。

四、农产品电子商务发展趋势

（一）个性化服务

对所有面向个人消费者的电子商务活动来说，提供个性化的、多样化的服务，是决定今后企业成败的关键因素。尤其是近年来我国网民数量不断大幅增长，个性化的需求也随之呈增长趋势。我国农村居民对于互联网的认知和认可程度正在呈现出不断增长的趋势，农产品电子商务的发展潜力巨大。

（二）专业性网站成为主流

面向个人消费者的专业化趋势，提供一条龙服务的垂直型网站及某一类产品和服务的专业性网站发展潜力较大，特别是一些技术含量、知识含量较高的商品和服务，人们一般希望在购买前能够了解相关的知识，得到专家的指导。随着社会分工不断细化和互联网的发展，多数消费者工作压力大，休闲时间相对减少，对于专业化和一条龙服务的需求越来越强烈，更希望能够在购买商品或服务之前，了解到足够的相关知识，购买商品或服务后，送货到门，且售后服务齐全，免除后顾之忧。

（三）开展国际化贸易

电子商务将成为地区之间、国际间跨域商品和服务贸易的重要手段，并将在减少环节、节约交易成本、提高交易效率方面起着重要的作用，克服居民地域化和商务地域性的难点。由于互联网无国界，近年来，我国中小型农产品生产企业、农民专业合作社将农产品通过农产品电子商务平台销售到国外的事例越来越多。河北省泊头市是我国传统的"鸭梨之乡"，近年来，许多中小型企业或农民专业合作社通过网上交易将鸭梨卖到了东南亚、欧洲和美洲各国，且销售价格均高于国内销售价格，增加了当地梨农的收入。

（四）三网合一支撑平台扩大

计算机和微电子技术的发展导致了数字化信息技术革命，通信、广播电视和视听消费品的电子产品数字化进程快速发展，使计算机、通信、广播电视这三个原来分工明确的行业出现了融合和会聚现象。《2014 年 1 月第 33 次中国互联网络发展状况统计报告》显示，截至 2013 年 12 月，中国手机网民规模达 5 亿，较2012 年年底增加 8 009万人，网民中使用手机上网的人群比率提升至 81.0%。这种发展趋势也必将使农产品电子商务的支撑平台扩大，迎来一个高速发展期。

（五）法律体系将进一步完善

电子商务目前已有初步的法律框架，但还远不够完善，随着相关电子商务法律的出台和实施，电子商务的法律体系框架将形成并进一步完善，这也是电子商务发展的必然趋势。

第二节　农产品电子商务模式

目前，我国运行的农产品电子商务模式，大致可以归纳为以下 6 种：

一、政府信息服务模式

指通过涉农政府网站为农产品交易提供信息服务，促进农产品流通的模式。从根本上来讲，这种模式不属于网上交易，是一种初级的电子商务模式。目前，我国大多数政府涉农网站都属于这种模式，向农产品生产企业、加工企业、经销企业和个体农户提供政策、科技、市场分析预测等信息服务，少数还可以提供农产品的供求信息发布、农产品的网上广告等信息服务。如农业部的中国农业信息网，除官方发布农业政策、科技信息外，还提供全国的农产品批发市场价格信息，农产品生产者还可以登录发布自己的农产品信息，浏览查询农产品需求信息等，是我国最权威的农业政府网站。

二、农产品 B2B 电子商务模式

指农产品生产企业、加工企业、销售企业之间利用电子商务技术进行的农产品交易活动。它为生产品生产企业、供应商和批发商进行交易提供了一个平台。该模式是我国农产品电子商务的主要模式。如中农网的 B2B 电子商务模式，它是全国首家实现网上银行支付以及提供身份认证的 B2B 农业网站，主要包括在线拍卖、网上招投标和网络直销等方式。

三、农产品（B + C）2B 电子商务模式

指由农户和农产品加工企业或者行业组织结合起来，共同生产、提供电子商务的交易产品，如龙头企业带动模式。该模式尤其适合家庭分散经营的国家和地区，有助于提高农产品的集体竞争力。如中国食品土畜进出口商会，它是我国最大的农产品行业协会，它连着 3 700 多家农产品加工、销售、出口企业和世界上45 个国家 250 多个同行业组织，并参加了 8 个国际行业协会，还获得了参与国际同业界制定国际贸易规则的权利和机会。

四、农产品网上商店模式

指农业企业借助电子商务技术从事农产品零售业务的模式。该模式可以实现农产品从生产商或批发商直接到消费者，缩短供应链环节，降低成本，但受网络消费者的影响较大。

该模式主要有 3 种类型，一是专门性的农产品网上商店，如中华粮网；二是农产品生产企业开设的网上商店，如黑龙江响水米业股份有限公司的网站上就能直接订购；三是基于 C2C 网站的农产品网络营销，在淘宝网、拍拍网都有案例。

五、农产品第三方电子商务模式

指依赖第三方提供的公共平台开展电子商务活动，它主要服务于那些打算把网络营销交给第三方的农产品企业和农户。该模式有利于中小型农业企业和农户参与，以很低的成本加入第三方电子商务平台，享受信息服务、中介服务、交易服务和合同服务，又可以扩大企业或产品知名度，降低宣传成本，从而迅速拓展网络营销渠道，很适合中国目前的国情。如淘宝网、阿里巴巴等。

阿里巴巴平台界面

六、农产品电子拍卖模式

指农产品的供货商委托拍卖中介对特定的农产品进行公开竞价，由出价最高的承销商获得购买权的一种交易方式。该模式是国际上广泛应用的一种模式，在我国具有巨大发展潜力。主要分为电子拍卖和电子投标两种形式。电子拍卖是指交易商按照电子交易中心发布的形式发布拍卖邀约，电子交易中心通过交易系统负责组织拍卖。电子投标是指由电子交易中心交易系统在特定的时间内第一价交易。最高价竞买者以等于全额投标出价的价格得到标物，最低价竞卖者以等于全额投标出价的价格达成交易。

第三节　农产品电子商务平台建设

一、农产品电子商务平台的建立

建设电子商务平台，可以更好地利用现代化通讯技术，为农业发展实时提供准确的农资信息，提供信息交流的平台，让企业和农民可以体验到现代科技带给农业生产的实际创收。利用电子商务平台可以规范农资市场交易，安全高效的实现在线的商务交易，提高了农业经济中商品的流通效率，更加高效的实现和推动现代农业的发展，实现农业经济快速、高效、健康的发展。

二、农产品电子商务平台的特点

农产品电子商务平台具有如下特点。

①平台实现统一为客户提供信息、质检、交易、结算、运输等全程电子商务服务。

②支持网上挂牌、网上洽谈、竞价等交易模式，涵盖交易系统、交收系统、仓储物流系统和物资银行系统等。

③融合物流配送服务、物流交易服务、信息服务、融资担保类金融服务等于一体。

④实现各层级会员管理、供应商商品发布、承销商在线下单交易、订单结算、交易管理、担保授信等全程电子商务管理。

三、农产品电子商务平台保障体系

为保障农产品电子商务平台网络信息系统的安全，必须建立较为完善的安全保障体系，包括安全技术体系和网络信息系统安全和管理体系。

安全技术体系采用目前较为先进的"保护－检测－响应－恢复"的反馈控制自适应模型来实现。利用各种检测设备对信息系统的安全脆弱性和来自系统内外的入侵或攻击行为进行检测；对于已发现的系统脆弱性和入侵、攻击行为，从安全策略到安全服务配置予以调整和完善，以满足安全风险被控制在可接受范围内并逐步降低的控制策略。

网络信息系统安全和管理体系由法律管理、制度管理和培训管理3部分组成。在国家有关安全部门的指导下成立安全管理机构，设置管理岗位，配备管理人员。该机构遵循国家相关法律法规，制定相应的安全管理制度和选用国家相关的法规政策，制定安全策略并对内部人员进行安全教育和管理，指导、监督、考察安全制度的执行。

第四节　主要农业信息网站

一、农业部网站

农业部网站分政务版和服务版两大板块。

农业部网站政务版（www. moa. gov. cn）是农业部官方网站，具备新闻宣传、政务公开、网上办事、公众互动和综合信息服务功能，是具有权威性和广泛影响的中国国家农业综合门户网站。

农业部网站服务版（www. agri. gov. cn）即中国农业信息网，是一个农业综合信息服务网站，主要为农户、涉农企业和广大社

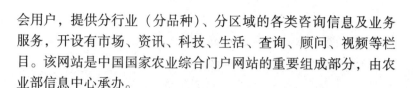

会用户，提供分行业（分品种）、分区域的各类咨询信息及业务服务，开设有市场、资讯、科技、生活、查询、顾问、视频等栏目。该网站是中国国家农业综合门户网站的重要组成部分，由农业部信息中心承办。

中国农业推广网（www.farmers.org.cn）主要介绍农业部主导品种、主推技术、技术明白纸等内容，并为科技示范户和示范基地提供经验交流。

中国农业科技信息网（www.cast.net.cn）由中国农业科学院农业信息研究所主办，主要有科技要闻、科学技术、科技资源库、农业标准、市场信息、农情与气象、教育培训等栏目。

二、其他主要农业网站

（一）政府协会类

中国农产品质量安全网（www.aqsc.gov.cn）

中国农业质量标准网（www.caqs.gov.cn）

中国种业信息网（www.seed.gov.cn）

中国兽医网（www.cadc.gov.cn）

中国农药信息网（www.chinapesticide.gov.cn）

中国农业机械化信息网（www.amic.agri.gov.cn）

中国农民专业合作社网（www.cfc.agri.gov.cn）

国家农产品加工信息网（www.app.gov.cn）

中国渔业协会网（www.china-cfa.org）

中国供销合作网（www.chinacoop.gov.cn）

（二）市场交易类

中农网（www.ap88.com）

上海大宗农产品市场网（www.ccbot.com）

易菇网（www.emushroom.net）

中国玉米网（www.yumi.com.cn）

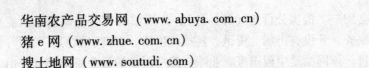

华南农产品交易网（www. abuya. com. cn）

猪 e 网（www. zhue. com. cn）

搜土地网（www. soutudi. com）

第九章　农业信息化应用案例

第一节　廊坊市物联网在蔬菜大棚上的应用

物联网技术是在互联网技术基础上延伸和扩展的一种网络技术，它将物体本身与互联网相连接，进行信息交换和通讯，以实现智能化识别、定位、追踪、监控和管理。如何在设施蔬菜大棚上应用物联网，提高设施蔬菜的种植和管理效率，廊坊市农业局与中国移动通信集团公司做了积极地探索和实践。

一、廊坊市设施蔬菜智能专家系统

廊坊市设施蔬菜智能专家平台，是由廊坊市农业局与中国移动通信集团公司联合开发的，该平台利用物联网技术和通讯技术，将大棚种植中的关键要素：空气的温度、湿度及土壤的温度、湿度等数据通过各种传感器动态采集，并利用中国移动的网络通讯技术，将数据及时传送到智能专家平台，使设施蔬菜管理人员、农业专家通过电脑、手机或手持终端就可以随时掌握农作物的生长环境，及时采取控制措施，可预防病虫害发生，提高蔬菜品质，增加种植效益，同时把有限的农业专家整合起来，提高了大棚的指导和管理效率。

利用该系统，实现了对设施蔬菜的信息化管理，提高生产质量水平和管理效益：

①精确测量设施环境，利用实用、先进的技术手段帮助农民提高生产质量。

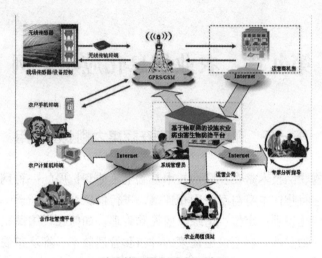

种植管理服务平台系统图

②提高对病虫害的监控和预测水平，减少农药使用量。

③建立科学的生产环境数据库，可以帮助专业生产企业、管理和研究机构等单位强化管理手段。

二、设施蔬菜智能专家平台功能

廊坊市设施蔬菜智能专家平台设置了温室分布、温室实况、病虫害预警、成熟度预报、作物模型库、管理报表、专家分析、专家互动、实操管理等栏目，平台基于互联网访问和管理。主要功能如下：

（一）监测和报警

对温室大棚实时监测和报警是基于物联网的设施农业智能专家系统的基本功能，使用无线传感器可以实时采集大棚内的环境因子，包括：空气温度、空气湿度、土壤温度、土壤水分、光照强度等数据信息及视频图像信息，再通过通用分组无线服务技术（GPRS）网络传输到设施农业智能专家系统，为数据统计分析提供依据。对不适合作物生长的环境条件系统会自动报警。

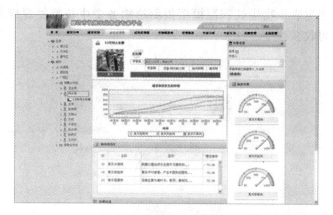

平台温度监控与报警服务

（二）病虫害预警

监测影响大棚内病虫害发生的关键因子，建立设施农业病虫害发生模型，利用智能算法，实现对病虫害预测预报，并进行有针对性的防治指导。

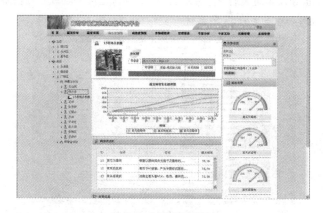

平台病虫害预测服务

（三）植物成熟状况预报

根据农作物生长积温模型预测植物各个生长期发育成熟程度、可收获程度。

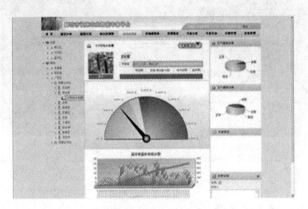

平台成熟度预测服务

（四）远程设施控制系统

通过网站，远程控制农业设施，可以对加热器、卷膜机、通风机、滴灌等设备远程控制，实现农业设施的远程手动或自动控制。

（五）远程生产指导系统

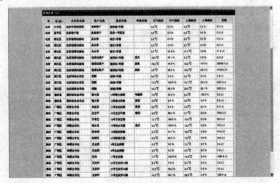

平台种植管理服务

根据农作物生长模型库，对大棚实时环境监测数据对比分析，高于作物生长的上限或低于作物生长下限时，系统会自动报警。

　　（六）综合管理活动评比

　　通过植物生长适宜时间累积，病虫害适宜时间累积，及生产活动跟踪状况对大棚管理情况进行排名。

　　（七）远程生产活动跟踪

　　系统根据现场活动监测终端的报告，跟踪特定生产活动完成的情况。

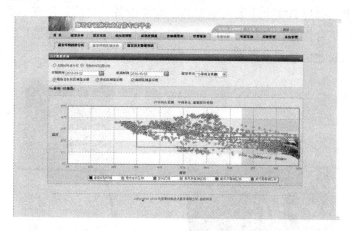

平台专家服务与指导

　　（八）产品跟踪服务系统

　　设施农业智能专家系统管理系统可以支持对温室生产的农业产品进行跟踪，提供产品溯源服务。

　　（九）客户关系管理

　　系统支持专业农业生产企业对客户关系管理的需要，为用户提供客户数据库服务，从而提高用户的销售能力。

三、设施蔬菜智能专家服务系统的应用

为保证设施蔬菜智能专家平台的应用效果，在全市农业系统确定具有丰富经验的蔬菜专家作为平台的技术支撑，针对黄瓜、番茄、甜瓜等主要品种，在河北省廊坊市的永清、固安、广阳棚菜区 15 个蔬菜大棚进行了示范应用，免费为大棚户安装大棚监控感应设备，实时监控种植数据，并把大棚温度、湿度数据发到用户手机，达到了预期的示范效果。经过近半年的推广应用，廊坊市已有近 200 个蔬菜大棚安装了监控设备，目前，还有一些蔬菜种植合作社在陆续安装应用，以起到带动作用，进而推广普及此项农业信息技术产品。

无线感应器

信号传输终端

系统按照农业管理者、农业专家、合作社、农户的不同身份，分级分配不同的管理账号，如合作社登陆后就可以看到本合作社的蔬菜大棚监控分布、生长情况，病虫害发生概率、成熟度及采取的种植管理措施等；大棚数据每 10 分钟采集一次，大棚户可以通过手机接收某个时间段的蔬菜温度、湿度信息，还能收到农业专家针对大棚"一对一"的指导信息，实现对蔬菜大棚

的智能管理。

四、绿色蔬菜直供北京全程信息化管理

廊坊市农业局除了在大棚蔬菜种植上进行了信息化应用，还积极探索出绿色蔬菜直供北京社区，从蔬菜种植、流通、消费各环节的全程信息化管理模式。在蔬菜流通环节，根据蔬菜不同棚室信息，直接生成包装盒条形码，条形码内置蔬菜生长、管理、环境参数、价格信息等参数。在配送车辆流通过程中，可通过移动全球定位系统（GPS）实时监控车辆状态，送货信息通过短信方式实时告知终端用户。在蔬菜消费环节，对于蔬菜直供社区居民，由廊坊移动与农业合作社、相关软件支撑公司合作，提供蔬菜直供配送箱，配送箱通过社区用户会员卡进行管理，会员卡刷卡可打开蔬菜配送箱，直接获取订购绿色蔬菜，消费者可以在电脑上输入蔬菜包装条码，查询蔬菜生长绿色履历，包括来自哪个基地、哪个大棚，是怎样管理的等信息，这样消费者就可以放心食用。目前，已经与北京几个高档社区达成供菜意向，借助信息化手段，北京市民可以像订报纸、牛奶一样订购来自廊坊的新鲜绿色蔬菜，保证吃上放心菜。

第二节　浙江省农民邮箱应用

一、浙江农民信箱

浙江农民信箱，由浙江省农业厅和浙江省移动公司为主承建和管理，从 2005 年 9 月开始实施面向浙江省农民的"浙江农民信箱"工程，利用因特网和现代通讯技术，采用先进、成熟、主流的开发平台和海量数据库技术，集通讯、电子商务、电子政务、农技服务、办公交流、信息集成等功能于一体，为农民量身

定制的综合信息公共服务平台。平台采用实名制上网，用户登录该信箱，须到当地农业行政主管部门以真名注册登记后方可使用。农民上网发布的供求信息，都有信息管理员进行管理，有记录、可追溯，从而有效地解决了网上信息不真实等问题。该信箱分系统信箱和普通电子信箱两部分。该信箱有效解决了网上信息不真实、诚信危机等问题。

二、平台主要功能

系统包含"个人信件、公共信息、买卖信息、农技110、网上办事、资源集成、网上农博会、系统管理"八大板块。具有真名实姓注册、手机邮箱捆绑、网上门牌号码、农民坐等服务、各级共同管理五大特点。同时，拥有综合数据统计分析，CA安全认证、农民信箱移动应用、虚拟网上农博会、六大类主体用户数据库等一系列农民信箱增强功能，使得农民信箱成为浙江省农业人员的为农服务桥梁、企业与农民的对接桥梁、党和政府为广大农民群众服务的联系桥梁。

"浙江农民信箱"主要模块如下：

（1）个人信件　作为农民信箱最基本的功能，该板块只要查找收件人的姓名或者通过查找其所在的单位，不需要记忆冗长的邮件地址，就可实现通讯功能，同时，系统还带免费短信提醒功能。

（2）公共信息　该板块主要提供农业农村政策信息、市场行情、最新农情、系统公告、气象信息等信息发布和浏览功能。

（3）买卖信息　这个模块主要是为了解决农产品的卖难、农民缺信息，是农民信箱基本的功能。

（4）农技110　该板块囊括了全省、市、县、乡镇各级农技专家和农技人员的资讯，同时提供网上提问、线上专家交流等多种农技咨询服务。

（5）网上农博会　农民信箱网上农博会以信息技术为手段，模拟真实展会架构设计，分设粮食、畜牧、水产等10个展馆，每个展馆又按参展地区分为12个展区，注册用户可申请摊位发布供求信息，由管理员审核通过即可在该平台显示，网民可通过搜索、网页浏览等寻找意向商品。

（6）系统管理　主要是提供管理员统计数据查询、系统管理的管理平台。

"浙江农民信箱"平台界面

"浙江农民信箱"具有六大功能：

一是网上推销功能，注册用户可通过信箱推销农产品。每个信箱内设有一个农产品买卖摊位，农民只要往上发布自己的农产品供求信息，其余则由政府和有关组织提供相应的服务。

二是网上采购功能，注册用户可通过信箱采购农产品和其他产品。

三是网上联系功能，注册用户可通过信箱进行远距离免费联络。

四是网上信息获取功能，注册用户登录农民信箱，即可获得农业生产技术指导、气象消息、农产品市场信息等。

五是网上统计考核功能，所有在农民信箱系统运行的数据都有记录，以便主管部门统计分析和考核。

六是网上桥梁功能。一方面，政府部门可以方便地发送相关信息；另一方面，注册农户也可通过信箱向政府部门反映民情、民意，以便政府及时掌握农民的需求。

三、注册流程

省、市、县（市、区）各级政府、涉农部门、乡镇基层政府领导和工作人员，各级农（林、牧、渔）技推广机构服务人员，各行政村班子全体人员、各涉农企业管理人员、农民专业合作组织人员、农村种养大户、农产品营销大户，普通农民，农贸市场经销摊点及超市、酒店、食堂等相关人员均可申请注册使用免费信箱。但申请者必须填写申请表并经本人签字，由各级农业部门系统管理员注册开户后，方可使用农民信箱。

根据不同类型设计了6张不同表格，按用户的类型选择相应表格填写，经各级系统管理员审核姓名、级别、身份证等后，交用户签名，发放初始用户名和密码。系统管理员根据申请表注册开户，用户初次使用时，打开农民信箱网站（www.zjnm.cn）输入初始用户名和初始密码（初始用户名和初始密码会在申请农民信箱时告知），登录后，立即修改初始用户名和初始密码，即正式启用浙江农民信箱，可发送供求信息、邮件、短信等。

四、使用方法

网址：www.zjnm.cn，网络实名和通用网址为：农民信箱。

连接因特网，启动浏览器，在地址栏中输入浙江农民信箱网址，或直接输入网络实名、通用网址，进入后可将地址添加到收藏夹，也可下载客户端，便于下次使用。初次使用时，输入初始用户名和初始密码（初始用户名和初始密码在申请农民信箱时告知），登录后，立即修改初始用户名和初始密码，即正式启用浙江农民信箱。修改后的用户名和密码将作为今后登录农民信箱的用户名和密码，要妥善保管。农民信箱现有以下功能：

（一）个人信件

1. 写信

（1）选择收件人　选择收件人的第一种方法，在"收件人"处点击"选择收件人"，页面跳出用户选择对话框，选择要发送的对象，点击单位前的文件夹图标，展开各单位的人员，选择具体要发送的人，点击"添加"，选中的人就会出现在右边的方框内，同一单位的人可多次选中"添加"或双击鼠标左键，如同时还要再发送给其他单位的人，点击此人单位前的文件夹，选中发要送的对象，点击"添加"。如果直接选择单位文件夹意为发送给此单位的所有人，如果选错了人，在右边框中选中选错的人，点击"删除"，直到选择完发送人后（普通用户，一次发信限于5人以内），按"确定"。选中的人会出现在收件人方框内。

选择收件人的第二种方法，在不知对方是什么地区，只知向某一类的人员发信，可以通过搜索"选择收件人"后，在用户选择网页对话框中，在"按地区浏览"项中选择搜索的地区范围，如在浙江省范围就点击"浙江省"，再选"按类别搜索"，在"类别"处，通过下拉菜单选择具体的类别，点击不同的类别会出现不同的具体子项，在相应的子项中选择你要搜索的具体项目，也可以在"关键字"处输入关键字，多个关键字间可用"＋"相连，点击"开始搜索"进行搜索，根据搜索的结果，选中具体的联系人，逐个选择添加或整页添加，添加到右边的方框，选完所有人后，按"确定"。选中的人会出现在收件人方框内。

选择收件人的第三种方法，点击"通讯录"，将添加在通讯录中的人员选中添加到右边框，选完后按"确定"（通讯录功能

后面说明)

（2）填写主题内容和添加附件　在主题栏中写上要发送的主题，也可通过点击《农民信箱写信常用语》，复制合适的句子，粘贴到主题栏。

在主题框下方的附件框中，可以加入附件，现一次发信最多能有 3 个附件，单个附件最大容量为 4MB。添加第一个附件的方法为点击附件框右边的浏览，在本地机器上找到相应的文件双击，文件名会跳到附件框中，若还要添加第二个附件，点击附件框下方的"增加附件"按钮，页面会出现另一个输入框，点击框右边的"浏览"加入第二个附件，如还有第三个附件，同上操作。

在下面的大方框内，写上具体内容，也可点击《"农民信箱"写信常用语》，复制合适的句子，进行粘贴（复制可按 Ctrl + C，粘贴按 Ctrl + V）。

（3）发送信件方式　有 3 种，一是在完成上述步骤后，直接按"马上发送"；二是如果此信要同时发送到用户的手机上，在"是否同时发送手机"前打钩；三是此信只发送到手机上，在"只发送短信"前打钩。

注：发送手机短信内容即为标题栏内容，标题栏字数最好在 50 个汉字以内，超过数字按 2 条发，信件正文不能作为手机短信发送。

（4）发送信件　点击"马上发送"或"发送并保存"，进行发送。

点击"马上发送"，信件不会在"已发信"中保留，点击"发送并保存"，信件会在"已发信"中保留。

2. 看信

在"个人信件"功能区，点击"看信"按钮，系统会显示当前用户的所有信件。点击你要查看的信件标题，即可打开该信件，看阅具体内容，也可对信件进行回复、转发、另存、打印等操作，在转发时，若此信带有附件，现要连同附件一起转发，就点击"增加附件"下方的"原附件"前的小框，页面会刷新一下，附件自动加入，会与信一起转发给对方。对不需要的信件可以在信前的小框内打钩，然后点击"删除"按钮，予以删除，也可以一次选中多个要删除的信件，集中删除。

3. 查看已发信件

点击"已发信"按钮，在此保存了发信时选择"发送并保存"方式发信的信件。

4. 查看已打上删除记号的信件

点击"已删除信件"按钮，在此保存在看信状态下，选中并删除的信件，在看信状态下的删除操作，并不是真正从你的信箱中删除，如要真正删除，在"已删除信件"中将不要的信件选中删除，如全不要，可按"清空"。

5. 通讯录功能

可将平时联系比较多的人，放在通讯录内，便于发信。

建立通讯录的方法：点击"联系组"，在"输入新建组名"处输入组的名称，点击"确定"。或点击"联系人"，再点击"添加新联系人"，在搜索页面中，选择搜索的地区，选择类别，也可以直接输入姓名，进行搜索，根据搜索结果，在姓名前的小方框内打勾，在页面右下方的"请选择分组"中选好组名，点击"将选中的联系人添加到指定分组"，页面会弹出"确定添加所选的联系人"，点击"确定"，将选中的人加入到组中。

添加通讯录组中人员的第二种方法是在收到他来信时，看信时，在"发送人"处选第一个红色字的"添加到通讯录"，将此人加入到相应的组中，在这里要选择好页面下方的"所属组"，然后按"确定"。

（二）"公共信息"功能使用

公共信息的栏目有政策信息、最新农情、气象消息、市场行情、系统公告，点击相应的栏目查看相关内容。

（三）"买进卖出信息"功能使用

1. 发布买进信息

进入"买进卖出信息"栏目，点击"发送买进信息"，输入"主题"，选择"品种类别"，在正文区输入具体内容（买的时间、品种、数量、价格等内容，地址，联系电话等），最后点击"马上发送"，系统提示"买卖信息成功发送!"。

2. 发布卖出信息

进入"买进卖出信息"功能区后，点击"发送卖出信息"，输入"主题"，选择"品种类别"，在正文区输入具体内容（卖的时间、品种、数量、价格等内容，地址，联系电话等），最后点击"马上发送"，系统提示"买卖信息成功发送!"。

3. 查看买进卖出信息

在点击"查看买进信息"或"查看卖出信息"，看所有的买进卖出信息，排在首行的是最新发布的买进卖出信息。

4. 搜索买进卖出信息

在大量的买卖信息中，可通过"按地区浏览"、"按类别搜索"和按关键字搜索3种方式进行检索，较快地找到自己所需要的信息。

注：发布买进、卖出信息后要等待系统管理员审核后才会在前台页面出现。

（四）农业信息资源集成

农业信息资源集成是一个农业信息资源服务平台，集成了国内外农业技术、市场信息、农业企业相关的网站网页和浙江省农技人员相关信息。您可以通过按地区分类查找到浙江省内某一市、县、乡镇及全国其他省市、国家部委、国外的有关信息，也可以通过按产业分类查找到农业有关信息。

1. 查找农业有关信息

现以查找农业技术网站网页、市场信息网站网页、农业企业网站网页的使用方法相同、农业技术网站网页为例说明。

点击"查找农业技术网站网页"栏目，出现"按地区分类查找网站网页"，"按产业分类查找网站网页"，"搜索"和"导读"。

（1）点击"按地区分类查找网站网页"　出现省本级、各市、部委、兄弟省市地区列表，点击省本级、部委、兄弟省市直接查看所属地区的农业技术相关网页、网站。点击省内 11 个市，出现市属下的县（市、区）名称及县（市、区）前三条信息，点击相应的县（市、区）出现所属的乡镇及各乡镇的前两条信息。点击具体的信息可直接浏览相关网页、网站。

（2）点击"按产业分类查找网站网页"　出现各大产业及产业下的部分最新的网页、网站。点击具体的产业出现下属产业及此产业下的相关网页、网站。产业可层层下点，点击具体的网页、网站的名称，可浏览其网页、网站。

（3）搜索　输入要搜索的内容，如"水稻"，按"确定"，会出现本栏目中所有有关水稻的网页、网站。

在"按地区分类查找网站网页"和"按产业分类查找网站网页"中都有一项搜索条，只要输入"关键字"，可实现在本集成系统、雅虎、百度或谷歌中的搜索。

（4）导读　栏目中最新的被推荐的网页、网站名称及简要介绍，可直接点击，浏览具体的网页、网站。

2. 查找农技人员相关信息

（1）点击"查找农技人员相关信息"　出现"按地区分类查找农技人员"，"按行业分类查找农技人员"，点击"按地区分类查找农技人员"出现省本级、市，点击市出现市本级及所属县，点击县出现县本级及所属乡镇，点击乡镇出现具体农技人员，点击具体农技人员，查看农技人员信息。

（2）点击"按行业分类查找农技人员"　出现农、林、水、综合、其他行业，点击具体行业分类出现具体农技人员，点击具体农技人员，查看农技人员信息。

五、主要做法及实施效果

一是党政推动。省政府、省政府办公厅、省农村工作指导员领导小组办公室、省教委、团省委等各个单位专就农民信箱推广应用一事发文，要求全省上下大力推广。

二是落实责任。依托省、市、县、乡镇、村五级联络体系，按照层级管理的要求，制定和完善了农民信箱联络点、农民信箱使用指导和信息审核发布等工作制度，有力推进了农民信箱工作规范化建设，是农民信箱推广应用工作的重要支撑，也是发挥农民信箱功能的有力保障。

三是整合资源。农业生产、农产品市场十分复杂，农民数量庞大，需求各异，只有满足不同的要求，才能使服务更有针对性。因而农民信箱根据广大农民、企业对信息的个性化需求，对信息资源进行了科学的整合和分类，将注册用户按从事行业、主营品种进行分类。目前，已建立了13大类、280个小类的用户数据库，有效地提高了用户发布和接收的信息针对性。

四是企业合作。为了降低政府运作成本，农民信箱采取和浙江移动合作的模式，由浙江移动对农民信箱所发送的短信给予优惠的包年政策，政府实际承担的每条短信费用不到1分钱。

浙江农民信箱在发展现代农业，提高农业效益，助农增收等方面发挥了积极作用：一是推进了农产品电子商务的发展。将实地形式的农博会"搬"上了网络，办成永不落幕的网上农博会，通过发布农产品买卖信息，达成农产品交易，同时减少了营销成本。二是解决了信息服务的"最后一公里"问题。农民信箱将手机作为个人信息终端，实现用户实名制与手机短信充分结合，通过深入推广"每日一助"服务活动，有效解决了农产品购销对接、信息进村入户问题和网上诚信难题。三是促进了农民网上社会建设。农民信箱成为了政策发布、农技咨询、防灾减灾等信息的主要平台，日均点击量稳定在200万人次左右。也是用户之间通过网络、手机短信进行交流联系的重要信息工具，节省电话、邮寄、纸张等成本，帮助农民减少因灾损失。截至目前，浙江农民信箱实名制用户已达236万，其中，普通农民用户168万户，占71%，农民专业合作社、农业龙头企业等主体用户16万户，占6.8%，各级涉农科技、管理、服务人员26.7万，占11.3%。建立了纵向为省、市、县、乡、村，横向为各部门的农民信箱联络体系，配备县级以上管理员856名，乡镇、村两级落实专、兼职信息员44 493名。

第三节　吉林省12316新农村热线应用

为了加快新农村建设，解决农村信息服务"最后一公里"问题，吉林省农业委员会、中国网通集团吉林省通信公司、吉林电视台、吉林人民广播台、吉林省委组织部农村党员干部现代远程教育办公室共同建设了"12316新农村热线"。

"热线"就是利用电话、电脑、电视、电台等多种媒体，在农民和专家之间架设一个信息沟通的桥梁。拨打"12316新农村热线"，接听电话的是吉林省农业委员会组建的权威专家，可以保证解答的科学性与准确性。您也可通过热线来查询您需要的各种信息，并把想要发布的信息通过话务员的登记与录入发布到互联网上。

12316新农村热线的特点：

吉林 12316 新农村热线平台界面

一是农业公益专用号码，全国统一。"12316"是农业部申请启用的全国农业系统公益服务统一专用号码。吉林省在全国率先开通了这一号码并定名为"12316 新农村热线"。广大农民朋友通过拨打"12316"，即可以咨询种植、养殖、加工、农产品供求和政策法规、劳动力转移等各领域的信息，也可以进行农资打假及投诉举报。

二是专家解答问题。为"12316 新农村热线"服务的专家，是吉林省农业委员会组建的省、市、县三级农业权威专家，他们均是各学科的专业人才，由他们来接听电话，解答问题。

三是市话收费，费用无忧。在吉林省全省范围内，使用吉林网通的固定电话和小灵通拨打 12316，只收取市话费用，不收长途话费和任何信息费。还可注册为会员用户，系统为用户建立详细的客户档案，将用户的基础信息，即用户地址、家庭人口数及土地拥有数量、耕作品种或种植养殖的品种数量进行登记和整理，依据个性化需求为用户专项定制所需的各种信息。

四是电视台、电台节目联动。"12316 新农村热线"已同吉林电视台乡村频道《乡村四季》栏目、吉林人民广播电台《关东大地》栏目合作，把农民朋友普遍关心的共性问题制作成电视、广播专题节目。同时，吉林省农委组建了"12316新农村热线"电视专题片摄制组，每周制作一期专题节目，在市、县电视台固定时段播出。在联系方式上，用户均可通过拨打12316联系到以上栏目组，12316是大家共同的热线号码。利用这个号码，可以用市话的费用与各栏目组沟通。

五是网站信息查询。热线还把录制好的电视、广播节目放到吉林农网和12316新农村热线专题网站上，可以就近到乡（镇）信息站和村屯信息服务点去收听收看。想查询更多信息或者发布信息，农网信息员可以帮助用户免费上网。

六是信息专刊到村。吉林农网专刊——"零公里信息"，把农民提出的共性问题和专家的答案进行精选后登在专刊上。专刊除在吉林农网及12316新农村网登载外，吉林省农业委员会和吉林省农村党员干部现代远程教育办公室还将把它定期发放到村，张贴在每个村屯的告示板上。

参 考 文 献

[1] 占锦川. 农产品电子商务 [M]. 北京：电子工业出版社，2010.

[2] 邵兵家. 电子商务概论 [M] 2 版. 北京：高等教育出版社，2004.

[3] 李道亮. 现代农业与农业信息化的内涵. 中国信息界杂志，2008.

[4] 农业部. 中国农业农村信息化发展报告 2010.

[5] 网络. 农村信息员培训基础知识.

[6] 王众，郑业鲁. 农村信息传播渠道和传播机制的构建 [J]. 农业图书情报学刊，2004.

[7] 宋富胜，赵邦宏. 河北省农业信息化发展研究 [M]. 北京：中国农业科学技术出版社，2009.